乡村人才振兴培训系列教材

有机农业

吴艳茹　张亚建　崔贺雨　主编

U0272439

中国农业科学技术出版社

图书在版编目（CIP）数据

有机农业／吴艳茹，张亚建，崔贺雨主编.--北京：中国农业科学技术出版社，2021.7

ISBN 978-7-5116-5388-8

Ⅰ.①有… Ⅱ.①吴… ②张… ③崔… Ⅲ.①有机农业 Ⅳ.①S-0

中国版本图书馆 CIP 数据核字（2021）第 123937 号

责任编辑	王惟萍
责任校对	马广洋
责任印制	姜义伟　王思文

出 版 者	中国农业科学技术出版社
	北京市中关村南大街 12 号　邮编：100081
电　　话	(010)82106643(编辑室)　(010)82109702(发行部)
	(010)82109709(读者服务部)
传　　真	(010)82106643
网　　址	http://www.castp.cn
经 销 者	各地新华书店
印 刷 者	北京地大彩印有限公司
开　　本	140 mm×203 mm　1/32
印　　张	5.875
字　　数	160 千字
版　　次	2021 年 7 月第 1 版　2021 年 7 月第 1 次印刷
定　　价	28.00 元

前　言

近年来，由于化肥、农药等农用化学品的大量使用，环境和食品受到不同程度的污染。农产品安全问题日益显著，农产品质量也越来越受到人们的重视。有机农业不仅可以为社会提供纯天然、无污染、安全的食品，还有利于保护农村生态环境，增加农民收入。因此，很多国家都鼓励发展有机农业，当然我国也不例外。国家发展改革委牵头编制的《乡村振兴战略规划（2018—2022年）》，将有机农业作为推动农业高质量发展的重要内容。除此之外，各地方政府也纷纷出台推动有机农产品发展的支持政策。

为了帮助农民朋友全面系统地了解和认识有机农业，编者编写了本书，主要内容包括：有机农业概述、有机农业的环境要求、有机农业的投入要求、有机种植生产、有机养殖生产、有机食品加工、有机农业质量管理、有机农业案例等。

由于时间仓促和水平有限，书中难免存在不足之处，欢迎广大读者批评指正。

编　者
2021 年 3 月

目　　录

第一章　有机农业概述

第一节　有机农业的产生与发展

一、有机农业的产生

有机农业于20世纪20年代发源于德国和瑞士，当时更多的是对应刚刚起步的石油农业而产生的一种生态和环境保护理念，而并不是实际的行动。

20世纪40—50年代是发达国家石油农业高速发展的时期，由此带来的环境污染和对人体健康的影响也日趋明显，因此就有一部分先驱者开始了有机农业的实践。1940年美国的Rodale买下了位于宾夕法尼亚州库兹镇的一个25.5hm²土地的农场，建立了从事有机园艺研究和实践的"罗代尔农场"。并于1942年出版了《有机园艺和农作》（现名《有机园艺》），有机农业的实践就从那时开始了。

20世纪70年代以来，越来越多的人注意到，现代常规农业在给人类带来高效的劳动生产率和丰富的物质产品的同时，由于大量使用化肥、农药等农用化学品，使环境和食品受到不同程度的污染，自然生态系统遭到破坏，土地生产能力持续下降。为探索农业发展的新途径，各种形式的替代农业的概念和措施，如有机农业、生物农业、生态农业、持久农业、再生农业及综合农业等应运而生。有机农业是保障农产品安全、保护生态环境、合理利用资源、实现农业生态系统的持续发展的可实践的生产方式。一些发达国家自发建立有机农场，有机食品市场也初步形成。全球性非政府组织——国际有机农业运动联合会（IFOAM）就是在这样的形势下于1972年在欧洲成立的，它的成立是有机农业运动发展的里程碑。一些发达国家的政府越来越重视有机农业，并鼓励农民从常规农业生产向有机农业生产转换，有机农业的概念开始被广泛地接受。

1994年，在国际有机农业运动的推动下，国家环境保护总局（现为中华人民共和国生态环境部）、国家认证认可监督管理委员会、农业及外贸等部门开展了有机产品认证和监督管理工作。以全面提升农产品安全、保护农村生态环境、建设社会主义新农村和促进中国农产品出口为目标，中国有机农业和有机产品产业从无到有逐步发展起来，成为一个迅速发展的新兴产业。

二、我国有机农业的发展

我国有机农业起步于20世纪90年代。目前，中国有机产品以植物类产品为主，动物性产品相当缺乏，野生采集产品增长较快。植物类产品中，茶叶、豆类和粮食作物比重很大；有机茶、有机大豆和有机大米等已经成为中国有机产品的主要出口品种。而作为日常消费量很大的果蔬类有机产品的发展则跟不上国内外的需求。2003年后，随着《中华人民共和国认证认可条例》的颁布实施，有机食品认证工作划归国家认证认可监督管理委员会统一管理以及有机认证工作的市场化，极大地促进了有机食品的发展。

2017年，中央一号文件明确提出支持绿色有机农业的发展。一号文件中，5次重点强调"有机农业"，这意味着有机农业不仅是消费趋势，也是国家重点支持发展的目标。

之后，中央财政从适度规模经营、优势特色产品、农民合作社和税收优惠政策等方面采取一系列措施，促进新型农业经营主体发展，推动农业增效和农民增收。

为加强对绿色、有机农业的信贷支持力度，中央财政向从事有机农业生产的新型农业生产经营主体倾斜，涉及种、养、林3类15个品种的有机农业可按规定获得中央财政补贴支持。同时，发展改革委牵头编制《乡村振兴战略规划（2018—2022年）》，将绿色有机农业作为推动农业高质量发展的重要内容。除此之外，各地方政府也纷纷出台推动绿色食品、有机农产品发展的支持政策。

《中国有机产品认证与有机产业发展报告》显示，截至2019年12月31日，我国共有68家认证机构（国家认监委批准、具有有机产品认证资格）颁发了有机产品认证证书，有机认证企业13 813家。2019年有机证书发放总量为21 764张，较2018年增加12.29%。2015—2019年5年间年均增长率为13.76%。按照中国有机产品标准进行生产有机作物种植面积为220.2万 hm^2，有机植物总产量为1 245.1万t。

目前我国有机农业面临的问题，一是发展规模小，生产成本高；二是市场销售不畅，三是产业结构不合理。要解决这些问题，就要重视这些问题。有机农业成本不仅体现在种植基地的投入，还有运输成本的投入，这使有机产品的价格要提高才能回本，因此，可以通过精深加工提升有机农产品的溢价，还可以实现有机农产品的标准化。

第二节　有机农业的概念与特征

一、有机农业的概念

1. 有机农业的概念

有机农业是指遵照有机农业生产标准，在生产中不采用基因工程获得的生物及其产物，不使用化学合成的农药、化肥、生长调节剂、饲料添加剂等物质，遵循自然规律和生态学原理，协调种植业和养殖业的平衡，采用一系列可持续发展的农业技术，维持持续稳定的农业生产体系。这些技术包括选用抗性作物品种，建立包括豆科植物在内的作物轮作体系，利用秸秆还田、施用绿肥和动物粪便等措施培肥土壤，保持养分循环，采取物理的和生物的措施防治病虫草害，采用合理的耕种措施，保护环境、防止水土流失，保持生产体系及周围环境的基因多样性等。

2. 有机农业与传统农业的关系

传统农业主要是相对于"原始农业""近代农业""现代农业"而言的概念，是指沿用长期以来积累的农业生产经验为主要技术的农业生产模式。生产过程中以精耕细作、农牧结合、小面积经营为特征，不使用任何合成的农用化学品，用有机肥、培肥土壤，以人、畜力进行耕作，采用农业措施、人工措施或使用生物农药进行病虫草害防治。传统农业是外界物质投入低，有高度持续性的农业类型。

有机农业确实与我国传统农业有着广泛的联系，但并非等同。它们之间存在着很大的区别。有机农业的特点是反对使用农用化学品，但绝不是反对科学，而是对现代农业科学提出了新的要求，它所追求的是既要使农业生产顺应自然，不污染环境，保持土壤的长期肥力，又要生产出充足的高营养、高品质的食物。因此解决了非化学手段控制作物病虫草害等难题，发展有机农业不会产生低产低效和导致饥荒。我国正处于从传统农业走向现代农业的阶段，而有机农业的发展正是我国现代农业发展的重要组成部分。

二、有机农业的特征

1. 遵循自然规律和生态学原理

有机农业的一个重要原则就是充分发挥农业生态系统内部的自然调节机制。在有机农业生态系统中，采取的生产措施均以实现系统内养分循环，最大限度地利用系统内物质为目的，包括：利用系统内有机废弃物质、种植绿肥、选用抗性品种、合理耕作、轮作、多样化种植、采用生物和物理方法防治病虫草害技术等。有机农业通过建立合理的作物布局，满足作物自然生长的条件，创建作物健康生长的环境条件，提高系统内部的自我调控能力，以抑制害虫的暴发。

2. 采取与自然相融合的耕作方式

有机耕作不用矿物氮源来施肥，而是利用豆科作物固氮的能力来满足植物生长的需要。种植的豆科作物用作饲料，由牲畜养殖积累的圈肥再被施到地里，培肥土壤和植物。尽最大可能获取饲料及充分利用农家肥料来保持土壤氮肥的平衡。利用土壤生物（微生物、昆虫、蚯蚓等）使土地固有的肥力得以充分释放。植物残渣、有机肥料还田以及种植间作作物有助于土壤活性增强和进一步发展。土地通过多年轮作的饲料种植得到休养，农家牲畜的粪便被充分分解并释放出来。这样，自我生成的土壤肥力并不依赖于代价昂贵且耗费能源生产出来的化肥，有机耕作的目的在于促进、激发并利用这种自我调节，以期能持续生产出健康的、高营养价值的食品。在种植中通过用符合当地情况的方式进行轮作，适时进行土壤耕作、机械除草及使用生物防治等方法（如种植灌木丛或保护群落生态环境）来预先避免因病害或过度的虫害对作物造成的为害。

3. 协调种植业和养殖业的平衡

根据土地承载能力确定养殖的牲畜量。通常来说牲畜承载量是每公顷一个成熟牲畜单位，因为有机生产标准只允许从外界购买少量饲料。这种松散的牲畜养殖保护环境不受太多牲畜或人类粪便的硝酸盐污染。牲畜养殖通常情况下只产生土地能接受的粪便量。饲料和作物的种植处于一种相互平衡且经济的关系。

4. 禁止基因工程获得的生物及其产物

基因工程是指人工将一种物种的基因转入另一物种基因中。因基因工程不是自然发生的过程，故违背了有机农业与自然秩序相和谐的原则。且基因工程品种还存在着潜在的、不可预见的风险，而基因工程品种对其他生物、对环境和对人身体健康造成的影响目前也还没有科学结论。因此，有机农业没有将基因工程技术纳入标准所允许的范围内。

5. 禁止使用人工合成的化学农药、化肥、生长调节剂和饲料添加剂等物质

有机农业生产要求非常严格，需要全程控制，才能保证所生产的产品通过相关部门的严格认证。因此，生产过程中，禁止使用人工合成的化学农药、化肥、生长调节剂和饲料添加剂等物质。

总之，有机农业是要建立循环再生的农业生产体系，保持土壤的长期生产力；把系统内土壤、植物、动物和人类看成是相互

关联的有机整体，同等地加以关心和尊重；采用土地与生态环境可以承受的方法进行耕作，按照自然规律从事农业生产。

第三节 有机农业的目标、原则及意义

一、有机农业的目标

有机农业的目标是稳定、持续地生产优质安全的农产品。要实现此目标，就必须保证生产所依赖的土壤生态系统的健康与稳定，要维持土壤质量的持续优良。土壤质量包含土壤健康质量、土壤肥力质量和土壤环境质量3个方面。土壤健康质量主要强调土壤生态系统内部各要素之间相互作用的平衡状态；土壤肥力质量则强调土壤作为植物的养料库，给作物提供养料的能力；而土壤环境质量强调的是土壤作为生物的环境要素，必须要符合一定的质量标准，不能因为土壤质量的原因导致所生产的产品质量下降或对其他环境要素带来不良影响。

二、有机农业的原则

有机农业在发挥其生产功能，即提供有机产品的同时，关注人与生态系统的相互作用以及环境、自然资源的可持续管理。有机农业基于健康的原则、生态学的原则、公平的原则和关爱的原则。

具体而言，有机农业的基本原则包括以下内容。

在生产、加工、流通和消费领域，维持促进生态系统和生物的健康，包括土壤、植物、动物、微生物、人类和地球的健康。有机农业尤其致力于生产高品质、富营养的食物，以服务于预防

性的健康和福利保护。因此，有机农业尽量避免使用化学合成的肥料、植物保护产品、兽药和食品添加剂。

基于活的生态系统和物质能量循环，与自然和谐共处，效仿自然并维护自然。有机农业采取适应当地条件、生态、文化和规模的生产方式。通过回收、循环使用和有效的资源和能源管理，降低外部投入品的使用，以维持和改善环境质量，保护自然资源。

通过设计耕作系统、建立生物栖息地，保护基因多样性和农业多样性，以维持生态平衡。在生产、加工、流通和消费环节保护和改善我们共同的环境，包括景观、气候、生物栖息地、生物多样性、空气、土壤和水。

在所有层次上，对所有团体——农民、工人、加工者、销售商、贸易商和消费者，以公平的方式处理相互关系。有机农业致力于生产和供应充足的、高品质的食品和其他产品，为人们提供良好的生活质量，并为保障食品安全、消除贫困做出贡献。

以符合社会公正和生态公正的方式管理自然和环境资源，并托付给子孙后代。有机农业倡导建立开放、机会均等的生产、流通和贸易体系，并考虑环境和社会成本。

为动物提供符合其生理需求、天然习性和福利的生活条件。

在提高效率、增加生产率的同时，避免对人体健康和动物福利的风险。因为对生态系统和农业理解的局限性，对新技术和已经存在的技术方法应采取谨慎的态度进行评估。有机农业在选择技术时，强调预防和责任，确保有机农业是健康、安全的以及在生态学上是合理的。有机农业拒绝不可预测的技术，如基因工程和电离辐射，避免带来健康和生态风险。

三、发展有机农业的意义

有机农业对人类生态环境的持续改善和农产品品质、数量的保证都具有非常深远的重要意义。具体主要表现在以下方面。

1. 有机农业有利于食品安全和改善饮食健康

化肥农药的大量施用，在大幅度提高农产品产量的同时，不可避免地对农产品造成污染，给人类生存和生活留下隐患。目前人类疾病的大幅度增加，尤以各类癌症的大幅度上升，无不与化肥农药的污染密切相关。以往有些地方出现"谈食色变"的现象。有机农业不使用化肥、化学农药，以及其他可能会造成污染的工业废弃物、城市垃圾等，因此，其产品食用就非常安全，且品质好，有利于保障人体健康。

2. 有机农业有利于生态环境的恢复、保持和改善

现代农业主要依靠化肥、农药的大量投入，使生态系统原有的平衡被打破，农药在杀死害虫的同时也伤害有益生物，特别是鸟类及天敌昆虫，进而危及整个生态系统，使生物多样性减少。大量化学肥料的投入是使江河湖泊富营养化的主要因素之一，也是地下水硝酸盐含量增加的原因。同时由于农家肥用量的减少，使土壤有机质耗竭，土壤板结，团粒结构丧失，土壤保水、保肥能力大大下降，水土流失严重，生产力下降。有机农业强调农业废弃物如作物秸秆、畜禽粪便的综合利用，减少了外部物质的投入，既利用了农村的废弃物，也减轻了农村废弃物不合理利用所带来的环境污染。

化肥和合成农药的生产通常均需要消耗石油、煤炭等不可再生能源，发展有机农业可以减少化肥、农药的用量和生产量，从而降低人类对不可再生能源的消耗，同时也减轻化肥农药在生产

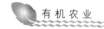

过程中所产生的工业污染。

在生态敏感和脆弱地区发展有机农业可以加快这些地区的生态治理和恢复，特别是水土流失的防治和生物多样性的保护。实践表明，在常规农业生产地区开展有机农业转换，可以使农业环境污染得到有效控制，天敌数量和生物多样性也能迅速增加，农业生产环境能够有效地恢复和改善，土地、水资源、植被和动物界所受到的破坏与损害的程度将减轻。

3. 有机农业有益于增加就业机会

有机农业是劳动知识密集型产业，是一项系统工程，需要大量的劳动力投入，也需要大量的知识技术投入，不然尤其是病虫问题难以解决，还需要有全新的观念。有机农业食品在国际市场上的价格通常比普遍产品高出 20%～50%，有的高出一倍以上。因此发展有机农业可以增加农村就业，增加农民收入，提高农业生产水平，促进农村可持续发展。

4. 有机农业有利于提高我国农产品在国际上的竞争力

随着我国加入世贸组织，农产品进行国际贸易受关税调控的作用愈来愈小，但对农产品的生产环境、种植方式和内在质量控制愈来愈大（即所谓非关税贸易壁垒），只有高质量的产品才可能打破壁垒。有机农业产品是一种国际公认的高品质、无污染环保产品，因此发展有机农业，可以提高我国农产品在国际市场上的竞争力，增加外汇收入。

第二章 有机农业的环境要求

有机农业是一种农业生产模式，有机农产品质量不仅取决于生产过程，还取决于产地的环境质量。我国国家标准从土壤、水质、生物、废弃物和空气质量等方面，对有机农业生产的环境质量提出了明确要求。

第一节 有机农业对土壤的要求

一、有机农业的土壤质量标准

有机农业除了强调生产安全优质的农产品外，更注重土壤的可持续生产能力，因此，这两方面也就是有机农业对土壤的最基本要求。

理论上能进行常规生产的田块就可进行有机生产，因为有机农业更多强调的是对农田管理过程和其对农产品生产功能的可持续支持，常规农业通过一定时间的有机操作转换即可成为有机农业，也就是要通过有机生产方法将常规农业系统逐渐转变为可持续发展的农业生产系统，使退化的土壤生态系统得以恢复。有机农业更强调的是过程，是用可持续的农业生产方式来管理土壤和农业生产系统，使其逐步转变为健康的、安全的、可持续的生态农业系统。因为再好质量的土壤，如果在生产过程中对有风险的物质不加以有效控制，都可能导致土壤质量下降。

我国国家标准《有机产品　生产、加工、标识与管理体系要求》（GB/T 19630—2019）明确规定，有机生产需要在适宜的环境条件下进行。有机生产基地应远离城区、工矿区、交通主干线、工业污染源、生活垃圾场等。基地的土壤环境质量应不超过《土壤环境质量　农用地土壤污染风险管控标准（试行）》（GB 15618—2018）中的农用地土壤污染风险筛选值（表2-1）。因此，需要对土壤中的重金属元素进行风险分析，以评价土壤中重金属超过土壤标准中规定限值的风险。

表2-1　农用地土壤污染风险筛选值（基本项目）

单位：mg/kg

序号	污染物项目		风险筛选值			
			pH 值≤5.5	5.5<pH 值≤6.5	6.5<pH 值≤7.5	pH 值>7.5
1	镉	水田	0.3	0.4	0.6	0.8
		其他	0.3	0.3	0.3	0.6
2	汞	水田	0.5	0.5	0.6	1.0
		其他	1.3	1.8	2.4	3.4
3	砷	水田	30	30	25	20
		其他	40	40	30	25
4	铅	水田	80	100	140	240
		其他	70	90	120	170
5	铬	水田	250	250	300	350
		其他	150	150	200	250
6	铜	果园	150	150	200	200
		其他	50	50	100	100
7	镍		60	70	100	190
8	锌		200	200	250	300

注：1. 重金属和类金属砷均按元素总量计。

2. 对于水旱轮作地，采用其中较严格的风险筛选值。

二、预防土壤盐碱化

盐碱地是土壤中含有较多的可溶性盐分，不利于作物生长的土地。预防土壤盐碱化的主要措施有 4 种。

1. 以防为主、防治结合

土壤正在次生盐碱化的灌区，要全力预防。已经次生盐碱化的灌区，在当前着重治理的过程中，防、治措施同时采用，才能收到事半功倍的效果；得到治理以后应坚持以防为主，已经取得的改良效果才能巩固、提高。开荒地区，在着手治理时就应该立足于防止垦后发生土壤次生盐碱化，这样才能不走弯路。

2. 水利先行、综合治理

土壤盐碱化的基本矛盾是土壤积盐与脱盐的矛盾，而土壤盐化的基本矛盾则是钠离子在土壤胶体表面上的吸附和释放的矛盾。上述两类矛盾的主要原因都在于含有盐分的水溶液在土体中的运动。水是土壤积盐或碱化的媒介，也是土壤脱盐或脱碱的动力。没有大气降水、田间灌水的上下移动，盐分就不会向上积累或向下淋洗；没有含钠盐水在土壤中的上下运动，就不会有代换性钠在胶体表面吸附而使土壤盐化。土壤水的运动和平衡是受地面水、地下水和土壤水分蒸发所支配的，因而防止土壤盐碱化必须水利先行，通过水利改良措施达到控制地面水和地下水，使土壤中的下行水流大于上行水流，导致土壤脱盐，并为采用其他改良措施开辟道路。盐碱地治理不仅要消除盐碱本身的危害，同时必须兼顾与盐碱有关的其他不利因素或自然灾害，把改良盐碱与改变区域自然面貌和生产条件结合起来。防治土壤盐碱化的措施很多，概括起来可分为：水利改良措施、农业改良措施、生物改良措施和化学改良措施等方面，每一个单项或单方面措施的作用和应用都有一定的局限性。总之，从脱盐—培肥—高产这样的盐碱地治理过程看，只有实行农、林、水综合措施，并把改土与治理其他自然灾害密切结合起来，才能彻底改变盐碱地的面貌。

3. 统一规划、因地制宜

土壤水的运动是受地表水和地下水支配的。要解决好灌区水的问题，必须从流域着手，从建立有利的区域水盐平衡着眼，对水土资源进行统一规划、综合平衡，合理安排地表水和地下水的开发利用。建立流域完整的排水、排盐系统，对上、中、下游做出统筹安排，分期、分区治理。

4. 用改结合、脱盐培肥

盐碱地治理包括利用和改良两个方面，两者必须紧密结合。首先要把盐碱地作为自然资源加以利用，根据发展多种经营的需要，因地制宜、多途径地利用盐碱地。除用于发展作物种植外，还可以发展饲草、燃料、木材和野生经济作物。争取做到先利用后改良，在利用中改良，通过改良实现充分有效的利用。盐碱地治理的最终目的是为了获得高产稳产，把盐碱地变成良田。为此必须从两个方面入手，一是脱盐去碱，二是培肥土壤。不脱盐去碱，就不能有效地培肥土壤和发挥土地的潜在肥力，也就不能保产；不培肥土壤，土壤理化性质不能进一步改善，脱盐效果不能巩固，也不能高产。

三、防止水土流失

作物的生产离不开肥沃的土壤，有机农作物基地对土壤管理就是要千方百计培肥土壤，提升土壤肥力，防止水土流失和提高土壤健康水平，这也是有机农业对基地土壤管理的基本要求。

水土流失对环境造成严重的破坏，并可能给有机地块带来污染，所以要有效地防止水土流失。通常按照坡耕地的坡度采用不同的防止水土流失措施，15°以上坡耕地采取退耕还林措施，8°~15°坡耕地修水平梯田，5°~8°坡耕地中设地埂植物带，5°以下坡耕地顺坡垄作改横坡垄作。现将防止水土流失的主要技术措施分述如下。

1. 横坡垄作

也称等高耕作，是防治坡耕地水土流失最常用的耕作措施。在横坡耕作方式下，微地形特性的改变实现了减弱侵蚀力的作用，使地表径流分散，避免迅速沿坡汇集，减少了径流对坡耕地土壤的冲刷。

2. 等高植物篱

即采用多年生草本、灌木或乔木按一定间距等高种植，在其间横坡种植农作物，实现保护坡地土地资源、提高土地生产力的目的。由于植物篱能拦截土壤和地表径流，控制水土流失，加上篱本身的经济价值，提高了坡地土壤肥力和土地生产力，实现了坡地的可持续利用。

3. 坡地改为梯田

坡耕地修水平梯田是我国一种传统的水土保持措施，水土保持效果极为显著。梯田的种类很多，但其发挥的作用都大致相同，主要通过以下 3 个方面减少水土流失：延长径流在坡面上的滞留时间，增加下渗，减少径流量；坡改梯后，坡面坡度变缓，流量过程较原坡显著平坦化，进而水流速度降低，径流冲刷力减小，水流挟沙能力也显著降低，同时，坡长减小，避免大径流的聚集；梯埂的拦阻使填洼水量增加，减少了径流量。

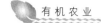

第二节 有机农业对水质的要求

一、有机农业种植对灌溉水的质量要求

国家标准《有机产品　生产、加工、标识与管理体系要求》（GB/T 19630—2019）规定有机生产基地的农田灌溉用水水质应符合《农田灌溉水质标准》（GB 5084—2021）的规定（表2-2和表2-3）。我国的农田灌溉水标准中规定了16项基本控制项目和11项选择性控制项目，16个基本控制项目中包括了5个重金属元素和2个微生物学指标，灌溉水项目没有区分级别，但是由于不同的作物，例如，水作、旱作、蔬菜，其灌溉用水量差异很大，因此，不同的作物执行不同的标准值。

表2-2　农田灌溉水质基本控制项目限值（GB 5084—2021）

序号	项目类别		作物种类		
			水田作物	旱地作物	蔬菜
1	pH 值		5.5~8.5		
2	水温（℃）	≤	35		
3	悬浮物（mg/L）	≤	80	100	60[①]，15[②]
4	五日生化需氧量（mg/L）	≤	60	100	40[①]，15[②]
5	化学需氧量（mg/L）	≤	150	200	100[①]，60[②]
6	阴离子表面活性剂（mg/L）	≤	5	8	5
7	氯化物（mg/L）	≤	350		
8	硫化物（mg/L）	≤	1		
9	全盐量（mg/L）	≤	1 000（非盐碱土地区），2 000（盐碱土地区）		
10	总铅（mg/L）	≤	0.2		

（续表）

序号	项目类别		作物种类		
			水田作物	旱地作物	蔬菜
11	总镉（mg/L） ≤		0.01		
12	铬（mg/L） ≤		0.1		
13	总汞（mg/L） ≤		0.001		
14	总砷（mg/L） ≤		0.05	0.1	0.05
15	粪大肠菌群数（MPN/L） ≤		40 000	40 000	20 000[1]，10 000[2]
16	蛔虫卵数（个/10L） ≤		20		20[1]，10[2]

[1] 加工、烹调及去皮蔬菜。

[2] 生食类蔬菜、瓜类和草本水果。

表2-3 农田灌溉水质选择控制项目限值（GB 5084—2021）

序号	项目类别		作物种类		
			水田作物	旱地作物	蔬菜
1	氰化物（mg/L） ≤		0.5		
2	氟化物（mg/L） ≤		2（一般地区），≤3（高氟区）		
3	石油类（mg/L） ≤		5	10	1
4	挥发酚（mg/L） ≤		1		
5	总铜（mg/L） ≤		0.5	1	
6	总锌（mg/L） ≤		2		
7	总镍（mg/L） ≤		0.2		
8	硒（mg/L） ≤		0.02		
9	硼（mg/L） ≤		1[1]，2[2]，3[3]		
10	苯（mg/L） ≤		2.5		
11	甲苯（mg/L） ≤		0.7		
12	二甲苯（mg/L） ≤		0.5		

（续表）

序号	项目类别		作物种类		
			水田作物	旱地作物	蔬菜
13	异丙苯（mg/L）	≤	0.25		
14	苯胺（mg/L）	≤	0.5		
15	三氯乙醛（mg/L）	≤	1	0.5	
16	丙烯醛（mg/L）	≤	0.5		
17	氯苯（mg/L）	≤	0.3		
18	1，2-二氯苯（mg/L）	≤	1.0		
19	1，4-二氯苯（mg/L）	≤	0.4		
20	硝基苯（mg/L）	≤	2.0		

① 对硼敏感作物，如黄瓜、豆类、马铃薯、笋瓜、韭菜、洋葱、柑橘等。

② 对硼耐受性较强的作物，如小麦、玉米、青椒、小白菜、葱等。

③ 对硼耐受性强的作物，如水稻、萝卜、油菜、甘蓝等。

另外，由于水的特殊属性和人类监测与认识水平的有限性，有机农业基地应避免在有废水或固体废弃物污染源的周围进行生产，比如废水排放口、污水处理池、排污渠、重金属含量高的污灌区和被污染的河流、湖泊、水库以及冶炼废渣、化工废渣、废化学药品、废溶剂、尾矿粉、煤矸石、炉渣、粉煤灰、污泥、废油及其他工业废料、生活垃圾等。严禁未经处理的工业废水、废渣、城市生活垃圾和污水等废弃物进入有机农业的生产用地。

此外，要求有机地块与常规地块的排灌系统有有效的隔离措施，以保证常规农田的水不会渗透到有机地块。食用菌栽培的用水水源应符合《生活饮用水卫生标准》（GB 5749—2006）的要求（表2-4）。

表2-4 生活饮用水质标准（GB 5749—2006）

指标	限值
1. 微生物指标[①]	
总大肠菌群（MPN/100mL 或 CFU/100mL）	不得检出
耐热大肠菌群（MPN/100mL 或 CFU/100mL）	不得检出
大肠埃希氏菌（MPN/100mL 或 CFU/100mL）	不得检出
细菌总数（CFU/mL）	100
2. 毒理指标	
砷（mg/L）	0.01
镉（mg/L）	0.005
铬（六价）（mg/L）	0.05
铅（mg/L）	0.01
汞（mg/L）	0.001
硒（mg/L）	0.01
氰化物（mg/L）	0.05
氟化物（mg/L）	1.0
硝酸盐（以 N 计）（mg/L）	10 地下水源限制时为 20
三氯甲烷（mg/L）	0.06
四氯化碳（mg/L）	0.002
溴酸盐（使用臭氧时）（mg/L）	0.01
甲醛（使用臭氧时）（mg/L）	0.9
亚氯酸盐（使用二氯化氯消毒时）（mg/L）	0.7
氯酸盐（使用复合二氧化氯消毒时）（mg/L）	0.7
3. 感官性状和一般化学指标	
色度（铂钴色度单位）	15
浑浊度（散射浑浊度单位）/NTU	1 水源与净水技术条件限制时为 3

（续表）

指标	限值
臭和味	无异臭、异味
肉眼可见物	无
pH 值	不小于 6.5 且不大于 8.5
铝（mg/L）	0.2
铁（mg/L）	0.3
锰（mg/L）	0.1
铜（mg/L）	1.0
锌（mg/L）	1.0
氯化物（mg/L）	250
硫酸盐（mg/L）	250
溶解性总固体（mg/L）	1 000
总硬度（以 C_2CO_3 计）（mg/L）	450
耗氧量（COD_{Mn}法，以 O_2 计）（mg/L）	3 水源限制，原水耗氧量 >6mg/L 时为 5
挥发酚类（以苯酚计）（mg/L）	0.002
阴离子合成洗涤剂（mg/L）	0.3
4. 放射性指标[②]	指导值
总 α 放射性（Bq/L）	0.5
总 β 放射性（Bq/L）	1

① MPN 表示最可能数；CFU 表示菌落形成单位。

② 放射性指标超过指导值，应进行核素分析和评价，判定能否饮用。

二、有机农业养殖用水的质量要求

有机农业不仅包括农田生产，也包括有机渔业和有机畜牧业，它们对具有流动性的水质也都有严格的要求。有机水产养殖场和开放水域采捕区的水质应符合国家《渔业水质标准》（GB 11607—89）的规定（表2-5）；畜禽饮用水应符合国家《生活饮用水卫生标准》（GB 5749—2006）的规定（表2-4）。

表2-5　有机渔业水质标准（GB 11607—89）　　单位：mg/L

项目	标准值
色、臭、味	不得使鱼、虾、贝、藻类带有异色、异臭、异味
漂浮物质	水面不得出现明显的油膜或浮沫
悬浮物质	人为增加的量不得超过10，而且悬浮物质沉积于底部后，不得对鱼、虾、贝、藻类产生有害的影响
pH值	淡水6.5~8.5，海水7.0~8.5
溶解氧	连续24h中，16h以上必须大于5，其余任何时候不得低于3，对于鲤科鱼类栖息水域冰封期其余任何时候不得低于4
生化需氧量（5d，20℃）	不超过5，冰封期不超过3
总大肠菌群	不超过5 000（个/L）（贝壳养殖不超过500个/L）
汞（Hg）	≤0.0005
砷（As）	≤0.05
铅（Pb）	≤0.05
镉（Cd）	≤0.005
铬（Cr）	≤0.1
铜（Cu）	≤0.01
锌（Zn）	≤0.1
镍（Ni）	≤0.05
氰化物	≤0.005
硫化物	≤0.2
氟化物（以F⁻计）	≤1
非离子铵	≤0.02

（续表）

项目	标准值
凯氏氮	≤0.05
挥发性酚	≤0.005
黄磷	≤0.001
石油类	≤0.05
丙烯腈	≤0.5
丙烯醛	≤0.02
六六六（丙体）	≤0.02
滴滴涕	≤0.001
马拉硫磷	≤0.005
五氯酚钠	≤0.01
乐果	≤0.1
甲胺磷	≤1
甲基对硫磷	≤0.0005
呋喃丹	≤0.01

　　有机农业强调产品质量安全的同时，也很重视生产系统对自然环境的影响。因此，养殖场需要充分考虑饲料生产能力、畜禽健康和对环境的影响，保证饲养的畜禽数量不超过其养殖范围的最大载畜量。应采取措施，避免过度放牧对环境产生不利影响。应保证畜禽粪便的储存设施有足够的容量，并得到及时处理和合理利用，所有粪便储存、处理设施在设计、施工、操作时都应避免引起地下水及地表水的污染。养殖场污染物的排放应符合 GB 18596 的规定。

　　对有机水产养殖区要求与常规养殖区必须采取物理隔离措施，开放水域生长的固着性水生生物，其有机养殖区必须与常规养殖区、常规农业或工业污染源之间保持一定的距离。

三、有机食品加工用水的质量要求

有机食品除了在初级产品的质量要求外，对加工运输乃至储藏等环节都有严格的规定，而在加工环节的用水同样存在风险，因而，对加工用水也有相应的水质要求（表2-5）。

第三节　有机农业对生物的要求

一、有机农业对生物的基本要求

环境生物包括所有与人类生存环境有关的生物，在农业生产中除了目标生物（作物）外的其他生物都是环境生物，这些环境生物对农产品的生产及产品质量都有很大的影响。因此，有机农业对生物也有明确的规定，最突出的相关规定是几乎所有的有机农业标准都禁止在有机农业操作中使用基因工程产品，因为其潜在的风险尚未得到确认。

在种子种苗的选择方面：要求有机作物生产所用的种子和种苗必须来自认证的有机农业生产系统。选择品种时应注意其对病虫害有较强的抵抗力；严禁使用化学物质处理种子；不使用由转基因获得的品种。

有机农业强调避免农事活动对土壤或作物的污染及生态破坏，要求制订有效的农场生态保护计划，采用植树种草、秸秆覆盖、不同作物间作等方法避免土壤裸露，控制水土流失，防止土壤沙化和盐碱化；要求建立害虫天敌的栖息地和保护带，保护生物多样性。禁止毁林、毁草、开荒发展有机种植。

对于野生植物的采集，要求采集活动不得对环境产生不利影响或对动植物物种造成威胁，采集量不得超过生态系统可持续生产的最大产量。

总之，有机农业对生物或生态的要求是尽量保持其多样性，以维持生态系统的稳定，要采取各种措施维持生态系统的健康。

二、生物多样性保护

生物多样性包括生物的遗传多样性（又叫基因多样性）、物种多样性和生态系统多样性。

从事有机农业生产可避免农药和化肥等农用化学物质对环境的污染，减少基因技术对人类的潜在威胁。在生态敏感和脆弱区发展有机农业还可以加快这些地区的生态治理和恢复，特别是有利于防治水土流失和保护生物多样性。实践证明，在常规农业生产地区开展有机农业转换，可以使农业环境污染得到有效控制，天敌数量和生物多样也能迅速增加，农业生产环境可以得到有效地恢复和改善。

有机农业生产要求人们在开展农事活动的同时，要重新认识和处理人与自然的关系，重新定义杂草和害虫，在田间管理中强化生态平衡，注重物种多样性的保护。有机农业生产是通过不减少基因和物种多样性，不毁坏重要的生境和生态系统的方式，来保护利用生物资源，实现农业的可持续发展。在农业生态系统中，一些所谓的有害生物如杂草也非有百害而无一利，若将其数量控制在一定范围内，对于促进农田养分循环、改善农田小气候等有着重要的作用。此外，在农业生产中，如果能采取合理的措施（如作物合理的间、套、轮作种植方式，减少耕作和采用适合的机械，有选择地使用农药和适度放牧，合理引种等），建立有机农业或生态农业生产体系，将能在发展农业生产的同时，有效避免或减少农业活动对生物多样性的影响。

综上，有利于生物多样性保护的农业生产方式与有机农业生产方式是一致的，发展有机农业生产本身就是保护生物多样性。

第四节 有机农业对废弃物的要求

一、废弃物处理

有机作物生产中主要的废弃物种类有植物残体、杂草、秸秆以及建筑覆盖物、塑料薄膜、防虫网、包装材料等农业投入品。有机生产基地应建立相对固定规模的处理场地，在污染控制方面，有机地块与常规地块应有有效的隔离区间，其排灌系统也应有有效的隔离措施，以保证常规农田的污染物等不会随水流渗透或漫入有机地块，常规农业系统中的设备在用于有机生产前，应充分清洗，去除污染物残留，以防交叉污染。用秸秆覆盖或间作的方法避免土壤裸露，重视生态环境的生物多样性，不能降解的薄膜等废弃物则集中收集带到基地以外集中处置。

有机作物生产基地的杂草主要以清除、直接覆盖、就地还田为主。有机生产的植物残体可能会带有病虫的卵或孢子等活体，应以集中在固定场所堆制发酵腐熟再还田，秸秆量相对较大的，可以结合粉碎与其他农业废弃物如当地畜禽养殖废弃物等进行共同堆肥化处理，腐熟后还田作为基肥，也可部分集中沤制草泥灰（或草木灰），作为钾肥的补充做基肥或追肥施用。

二、有机耕作控制杂草的主要手段

从有机农业对杂草的观点可知，有机农业充分考虑了杂草的有害和有利的两重性，也不要求彻底清除作物田地的杂草，对一些有害的杂草有机生产可采用耕作措施、生物防治、机械除草的方式来控制杂草的生长。概括起来主要有以下手段。

1. 防止杂草种子的传播

播种前，清除作物种子中夹杂的杂草种子；使用的有机肥也必须充分腐熟，否则其为田间杂草种子的一个重要来源。

2. 作物种植前清除杂草

在作物播种、移栽前，对田块进行翻耕、灌溉，促使杂草萌芽，然后再翻耕 1 次，清除萌发的杂草；在作物生长过程中通过灌溉管理防草，如在稻田，水稻生长的早期保持淹水 3cm，生长后期淹水 10cm 可控制大多数杂草生长。

3. 利用太阳能除草

用白塑料薄膜在晴天覆盖潮湿的田块 1 周以上，可使温度超过 65℃，以杀死杂草种子，减少杂草数量，同时也可杀死一些病原菌。在小面积地块，有人用透镜聚光照射，几秒之内，温度可高达 290℃，可杀灭几乎所有的杂草种子。

4. 改进播种、栽培技术

如增大播种率、缩小作物行距，对难萌发作物，改直播为移栽等，使作物迅速占领空间，减少杂草对营养、水分、光线的获取，从而抑制杂草的生长。

5. 应用覆盖物控制杂草，保护土壤

用黑薄膜、作物秸秆、树皮等进行覆盖，阻挡光线透入，抑制杂草萌发；在果园与行栽作物地种植的覆盖作物（如玉米地超量播种三叶草）也可抑制杂草生长。在水稻田，放养红萍既可起到固氮培肥的作用，又能抑制杂草生长。

6. 适时除草

适时进行机械与人工除草，尤其是作物生长的前 1/3 阶段，清除杂草于幼嫩状态。因作物生长早期比较脆弱，不能形成对杂草的竞争优势，且杂草生长早期为养分主要吸收时期，对养分的吸收效率较作物高，如果不清除则与作物争夺养分，影响作物生长，如水稻生产，秧苗移栽后的 20～30d 对杂草最敏感，如果此时不除草，则对产量的影响很大。实践表明，除草越晚，则所需劳力越多，对作物造成的影响也越大。在欧美国家，大规模有机种植主要采用机械除草，农民拥有多种大型的除草机械。我国的有机生产，除草已经成为重要的消耗劳力的因素，急需发展相应的除草机械。

7. 利用作物轮作减少杂草生长

连作使那些与作物生长相伴随的杂草群体越来越大，而轮作由于不同作物的耕作方式不同，作物的生长习性也不同，不利于杂草体系的建立。一般可以一年生和多年生作物轮作；生长稠密、郁闭度高的作物与稀疏、郁闭度低的轮作。另外，在轮作计划中安排种植绿肥，如苜蓿、白车轴草、黑麦草、大麦等，抑制杂草萌发，并可减少下季作物杂草数量。

8. 生物防治控制杂草

虽然昆虫应用不多，但是真菌除草剂应用较广泛，如已商业化生产的棕榈疫霉防治柑橘园中的莫伦藤；盘长孢状刺盘孢菌防治水稻和大豆田中的弗吉尼亚合萌草。也可用些大型动物防草，如利用鸭子或稻田养鱼可防治水稻田的杂草。40～50 只成年鸭子一天放养 3h，连续放养 3d，则可为 1 万 m^2 的水稻田除草。

9. 火焰枪烫伤法除草

此法只有当作物种子尚未萌发或长得足够大时才可应用，并在杂草小于 3cm 时最有效。如种植胡萝卜，种子床应在播种前

10d 进行灌溉，促使杂草萌发，而在胡萝卜种子发芽前（播种后5~6d），用火焰枪烧死杂草。

10. 植物毒素抑制杂草生长

一些覆盖作物如黑麦草、大麦，除通过竞争外，主要是通过分泌的植物毒素抑制杂草生长。科研人员正在试图分离鉴定植物毒素，以制成生物除草剂。

11. 应用堆肥作为控制杂草和病虫害的重要手段

堆肥过程产生的高温可杀死动物粪便中的杂草种子和一些病虫休眠体；堆肥也可避免大量作物残体翻入土壤中产生毒素的潜在危害。同时由于堆肥可提高土壤肥力，改善土壤结构，增加土壤微生物活力，从而提高作物对杂草的竞争能力和对病虫害的抵抗能力。由于堆肥可增加土壤有机质含量，使土壤疏松，也使杂草易于拔除。

综上所述，有机耕作过程中杂草的控制，首先在于通过对杂草的特点和杂草与作物的关系的认识来采取适当的农业措施预防杂草发生，再辅以一些人工与机械或生物的除草方法将杂草控制在经济为害水平之下即可。

第五节　有机农业对空气质量的要求

一、有机生产基地的空气质量标准

国家标准《有机产品　生产、加工、标识与管理体系要求》（GB/T 19630—2019）规定有机生产基地的环境空气质量应符合《环境空气质量标准》（GB 3095—2012）中的二级标准。《环境空气质量标准》（GB 3095—2012）见表 2-6。依据我国有机标准要求，有机产品的产地环境空气质量应符合 GB 3095—2012 中二级标准。同时规定了缓冲带和栖息地：如果农场的有机生产区域有可能受到邻近的常规生产区域污染的影响，则在有机和常规生产区域之间应当设置缓冲带或物理屏障，保证有机生产地块不受污染，以防止邻近常规地块的禁用物质的飘移影响。在有机生产区域周边设置天敌的栖息地，提供天敌活动、产卵和寄居的场所，提高生物多样性和自然控制能力。

表 2-6　有机产品生产基地环境空气质量标准（GB 3095—2012）

序号	污染物项目	平均时间	浓度限值 二级标准	单位
1	二氧化硫（SO_2）	年平均	60	$\mu g/m^3$
		24h 平均	150	
		1h 平均	500	
2	二氧化氮（NO_2）	年平均	40	
		24h 平均	80	
		1h 平均	200	
3	一氧化碳（CO）	24h 平均	4	mg/m^3
		1h 平均	10	
4	臭氧（O_3）	日最大 8h 平均	160	$\mu g/m^3$
		1h 平均	200	
5	颗粒物 （粒径≤10μm）	年平均	70	
		24h 平均	150	
6	颗粒物 （粒径≤2.5μm）	年平均	35	
		24h 平均	75	

二、控制空气传播的风险

和水一样，空气具有很强的移动性，因此，各种污染物质或有风险的物质都可能随之移动一定的距离，因此，从空气传播风险的控制考虑不同国家和地区的有机农业标准都提出了缓冲带的要求。同时从可持续生产的角度也要求有机农业有自然生物栖息的空间以供有害生物天敌的生存与发展需要，所以，标准也要求有一定的保护空间。

当然，基地周围，特别是其上风向不能有污染源，远离交通要道和居民集中的城镇是最基本的要求。

第三章　有机农业的投入要求

第一节　种子、种苗与动物引入

一、种子和种苗的定义及其特点

GB/T 19630—2019 规定，应选择有机种子或植物繁殖材料，在得不到有机种子的条件下才能使用未经过禁用物质处理的常规种子，同时也要求选择适应当地的土壤和气候条件、抗病虫害的植物种类及品种。有机种子成为有机农业生产系统的重要源头，是维持整个有机生产系统完整性的重要环节。有机种子的概念广义是指从作物母本栽培开始至种子采收及处理的全过程均符合有机标准的种子。对有机种子的理解不仅是要来自有机生产体系，还要能满足有机生产技术要求的种子，如病虫害抗性品种、适应有机肥特性、同杂草具有较强的竞争力或忍受力等。

有机农业的种苗是指来源于有机农业生产系统，符合有机农业生产体系要求和相应标准的具有安全、优质、营养类属性的种苗。种苗包括实生种子、根状茎、芽、叶或地下的秆、根或块茎、果茶苗木、畜禽产品种苗、蜂产品种苗、水产品种苗等，以及运用各种科技手段培育并符合有机农业生产标准的各类嫁接苗，野生植物采集苗、食用菌种等。

种苗作为有机农业的首要生产资料，是有机农业生产的开端，是最基本的物质技术基础与载体。不是所有种苗都能用于有机农业。有机农业的种苗要求健康安全、品质优良、营养性好、依赖性强。

有机农业生产者应选择适应当地的土壤和气候条件、抗病虫、抗疫病的种类和品牌的有机种苗，同时在品种的选择上应充分考虑保护遗传多样性。

在无法获得有机农业生产的种子和种苗的情况下（如在有机种植或养殖的初始阶段），经认证机构许可，可以使用未经禁用物质和方法处理的非有机来源的种苗。但有机生产者必须制定并实施获得有机种苗的计划，对于种苗的要求则是应采取有机生产方式培育一年生植物的种苗。

二、种苗的分类

以有机农业生产的行业划分为依据，可分为有机种植业种苗和有机养殖业种苗两大类；有机种植业种苗可细分为有机农作物种苗、有机果茶种苗、有机野生植物采集种苗等；有机养殖业种苗可细分为有机畜产品种苗、有机蜂产品种苗、有机水产品种苗。

三、有机种苗的选育

（一）基本原则

（1）结合有机农业生产实际情况，在有机农业生产体系下选育有机种苗。

（2）在得不到有机农业生产的种子和种苗的情况下，经认证机构许可选育非有机来源且未经禁用物质处理的种苗。

（3）禁止选育转基因品种。

（4）在品种的选择上应充分考虑保护遗传多样性。

（二）有机种苗的选育方法

1. 有机农作物种苗

作物种类及品种要适应当地的环境条件，选择对病虫害有抗性和适应杂草竞争的品种，并充分利用作物的遗传多样性。要因地制宜地选用通过国家或省级农作物品种审定的品种，可用热水、蒸汽、太阳能等对种子消毒。

作物种类及品种要适应当地的环境条件，选择对病虫害有抗性和适应杂草竞争的品种并充分利用作物的遗传多样性，可用热水、蒸汽、太阳能、高锰酸钾等对种子消毒。食用菌菌种应符合《食用菌菌种管理办法》的要求，菌种培养基中不允许使用化学合成的杀虫剂、杀菌剂、肥料及生长调节剂；菌种来源清楚，并经认证机构认可；菌种应具有较好的生长性和较强的抗逆性。

2. 有机果茶种苗

应选择以有机生产方式培育或繁殖的苗木或种苗，并认真进行检疫。当无法获得有机苗木或种苗时，可选用未经禁用物质处理过的常规苗木或种苗，但应制订转换获得有机苗木或种苗的计划。禁止使用经辐照技术、转基因技术选育的种苗（苗木）品种。

应采用有机方式育苗，根据季节、气候条件的不同选用育苗设施。允许使用砧木嫁接等物理方法提高果茶树的抗病和抗虫能力。不得使用经禁用物质和方法处理的种苗。

3. 有机野生植物采集种苗

要求生长于界限明确的有机农业生产系统，采集区域至少在采集前36个月未使用禁用物质或未被禁用物质污染；采集区域与可能污染源区域至少有 50~200m 的距离，并有有效隔离带。采集活动不应对环境产生不利影响或对动植物物种造成威胁，采集量不应超过生态系统可持续生产的产量。采集者必须有详细的采集种苗收集、运输、加工和管理方案并得到认证机构认可。

4. 有机畜产品种苗

必须首先考虑品种对当地环境和饲养条件的适应性和品种本身的生活力和抗病力，优先选择本地品种；禁止使用经胚胎移植或基因改良作物（GMO）改造过的品种。

畜禽应在有机农场繁育，在无法得到足够的来自有机农场的畜禽时，经认证机构许可，可以从非有机农场引入畜禽，但应符合以下条件。

（1）肉牛、马属动物、驼，不超过 6 月龄且已断乳。

（2）猪、羊，不超过 6 周龄且已断乳。

（3）乳用牛，不超过 4 周龄，接受过初乳喂养且主要以全乳喂养的犊牛。

（4）肉用鸡，不超过 2 日龄（其他禽类可放宽到 2 周龄）。

（5）蛋用鸡，不超过 18 周龄。

常规种母畜的引入的数量：牛、马、驼每年引入的数量不能超过同种成年有机母畜总量的 10%，猪、羊每年引入的数量不应超过同种成年有机母畜总量的 20%。

在不可预见的严重自然灾害或事故、养殖规模大幅度扩大、养殖场发展新的畜禽品种的条件下，经认证机构许可，可将比例放宽到 40%。可引入常规公畜，引入后应立即按照有机方式饲养。

5. 有机蜂产品种苗

蜂产品的蜜蜂品种的选择应适应当地环境条件、有良好的生产能力和抗病能力的品种；选育鼓励交叉繁育不同类的蜜蜂，可进行选育，但不允许对蜂王进行人工授精，蜂群转化为有机生产系统时引入新的蜜蜂应来源于有机生产单元；为了蜂群的更新，每年允许选择引入不超过蜂群数量10%，由健康问题或灾难性事件引起的蜜蜂大量死亡，且无法获得有机蜂群时，可以引入非有机来源的蜜蜂补充蜂群，但要重新计算转换期。

6. 有机水产品种苗

应尽量选择适合当地条件、抗性强的品种。如需引进水生生物，在有条件时应优先选择来自有机生产体系的。如无法获得来自有机生产体系的水生生物，可引入常规养殖的水生生物，但应经过相应的转换期。应尊重水生生物的生理和行为特点，减少对它们的干扰。宜采取自然繁殖方式，不宜采取人工授精和人工孵化等非自然繁殖方式。不应使用孤雌繁殖、基因工程和人工诱导的多倍体等技术繁殖水生生物。引进非本地种的生物品种时应避免外来物种对当地生态系统的永久性破坏。不应引入转基因生物。所有引入的水生生物至少应在后2/3的养殖期内采用有机方式养殖。

第二节　有机农业对肥料的要求

一、有机生产中使用的主要肥料

1. 堆肥和沤肥类

堆肥是利用作物秸秆、树叶、杂草、绿肥、人畜粪尿和适量的石灰、草木灰等物进行堆制，经发酵腐熟而成的肥料，这类肥料经高温（65℃以上）堆制后大肠杆菌及一些无芽孢的病原菌基本上被杀灭。沤肥是另外一种发酵形式，是利用秸秆、杂草、牲畜粪便、肥泥等就地混合，在田边地角或专门的池内沤制而成的肥料，其沤制的材料与堆肥相似，沤肥在嫌气条件下常温发酵腐解制备而成。

2. 沼气肥

沼气肥是有机废弃物在沼气池的密闭和厌氧条件下发酵制取沼气后的残留物，是一种优质的有机肥料，分为沼液肥和沼渣肥。出池后的沼渣应堆放一段时间降低其还原性，再用做底肥，一般土壤和作物均可施用。沼渣肥还能改善土壤的理化特性，增加土壤有机质积累，达到改土培肥的目的。沼液与沼渣相比养分含量较低，但速效养分高，沼液一般作追肥和浸种。沼液也具有促进植物生长的特殊作用，对蚜虫和红蜘蛛等害虫还有较好的防治效果。

3. 饼肥

饼肥是油料的种子经榨油后剩下的残渣，含有大量的有机质、蛋白质、剩余油脂和维生素成分，用作饼肥的主要种类有大豆饼、油菜籽饼、芝麻饼、花生饼、棉籽饼和茶籽饼等，可以作基肥和追肥，可直接施用、发酵腐熟后施用或过腹（先作饲料）还田。饼肥是一种迟效性的完全肥料，常用作基肥，作追肥时要提前使用，以保证及时向作物提供有效养分。作基肥直接施用时，不宜在播种沟或靠近种子施用，以免发生种蛆或因降解时发酵产生高温，影响种子发芽和作物生长；作追肥用时，应在出苗后开沟条施或穴施。饼肥最好先发酵后使用，以确保饼肥的使用安全和作物正常生长及提高肥效，大豆饼、花生饼和油菜籽饼（尤指双低油菜）因营养较好，宜过腹还田。

4. 绿肥

绿肥是用绿色植物体制成的肥料，具有固氮性、解磷性、生物富集性、生物覆盖性和生物适应性。豆科绿肥如紫云英、苜蓿、三叶草等是培肥土壤的优质肥源，豆科植物与根瘤菌形成共生固氮体系，能固定空气中的氮素，使植物体富含氮素养分。绿肥通过翻耕还田在土壤中矿化分解，促进土壤微生物大量增殖，改良土壤结构，增加土壤活性。

5. 厩肥

指猪、牛、马、羊、鸡、鸭等畜禽的粪尿与秸秆垫料堆沤制成的肥料，也叫圈肥、栏肥。厩肥中富含丰富的有机质和各种养分，属完全肥。

6. 糟渣类有机肥

主要有酒糟、醋糟、酱油糟、味精渣、豆腐渣、药渣和食用菌渣等，属迟效性有机肥料，需经发酵后才可施用，应集中沟施或穴施后覆土。酱油糟含盐高，不宜集中使用，也不宜大量应用于盐碱地、围垦海涂地块。

7. 作物秸秆

农作物秸秆是重要的有机肥之一，作物秸秆含有碳、氢、氧、氮、硫等作物所必需的营养元素。在适宜条件下通过土壤微生物的作用，这些元素经过矿化再回到土壤中，为作物吸收利用。

8. 动物残体

主要有鱼粉、油渣、骨粉和羽毛粉等，是一种很好的有机肥料。鱼粉营养价值高，用作肥料成本也高，宜先作饲料，过腹还田；骨粉的磷含量较高，肥效缓慢，宜作基肥早施用；羽毛粉含氮高，主要是角蛋白含量高，但不易分解，系迟效性高氮有机肥，宜作基肥提早施用；油渣脂肪含量较高，施入土壤后经微生物分解发酵会产生高温，影响种子发芽和作物生长，宜先发酵后施用。

9. 商品有机肥

商品有机肥是以畜禽粪便为主要原料，经工厂化好氧高温发酵堆制而成的有机肥。这种通过生物发酵生产的商品有机肥无害化程度高，腐熟性好，有机物经微生物分解后肥料的速效性大大提高。这类有机肥施用后不仅能改良土壤，提高肥力，而且养分释放快，作物能快速吸收利用，既可以作有机作物栽培的基肥施用，也可以作为追肥施用。为保证商品有机肥的质量安全，最好选用经有机认证机构认证许可的企业生产销售的商品有机肥。

10. 腐殖酸类肥料

简称腐肥。指泥炭（草炭）、褐煤、风化煤等含有腐殖酸类物质的肥料。腐殖酸是一组黑色或棕色胶状无定形高分子有机化合物，含碳、氢、氧、氮、硫等元素。腐殖酸内表面较大，而使其吸附力、黏结力、胶体分散性等均良好，阳离子交换量较大。腐殖酸结构中的活性基团如羧基、酚羟基等使其具有酸性、亲水性和吸附性，并能与某些金属离子生成螯合物。腐殖酸类肥料主要有腐殖酸铵、腐殖酸钾、腐殖酸钠及腐殖酸复合肥等。腐殖酸较能抗微生物分解，是一种缓效的有机肥料。

11. 堆肥茶

近年来，通过堆制腐熟的有机物料，再经过发酵获得水浸提液制成的堆肥茶（compost tea）正越来越引起人们的关注，它们不仅含有大量的有益微生物，也含有大量的养分。微生物可以通过竞争、拮抗、诱导抗病性等综合作用，减少作物病害的发生；溶解态的养分有利植物的吸收，而且它们具有便于结合滴灌、微灌和渗灌技术施肥等优点，可作速效追肥在有机作物生产中应用。

12. 生物肥料

生物肥料是一类以有益微生物和经无害化处理后腐熟的有机物为主要成分复合制成的新型肥料，这种肥料养分全面，速缓效兼之，肥效均衡持久。生物肥料可以利用微生物固氮菌将空气中的氮气转化成作物可吸收的物质，并利用其分泌物把土壤中不易被农作物吸收的难溶性固定态磷转化成易于被农作物吸收的可溶性有效态磷，为农作物提供充足的氮、磷、钾营养元素。施用生物有机肥料可改善土壤理化性状，增强土壤生物活性，减少肥料的流失和养分的固定，还能降低瓜果蔬菜中的硝酸盐含量，显著提高瓜果的甜度和维生素 C 含量，从而改善和提高农产品品质。

二、有机肥料的无害化处理

生物污染是有机肥普遍存在的问题。新鲜有机肥料既是肥料，又隐藏着病原菌、虫卵和杂草的种子，这在有机农业生产中尤其应引起重视。人畜粪尿等有机废弃物，含有大量的病原体，这些病原体在土壤中存活时间相当长。例如，痢疾杆菌可生存 22~142d，结核杆菌 1 年左右，蛔虫卵 315~420d，沙门菌 34~70d。另外，将未经处理的有机肥料直接施入土中，还会因发酵时产生的高温而伤根。因此，有机肥无害化处理，不仅是适应环境卫生的需要，更是有机食品生产对有机肥料利用的需要。

有机食品生产应把握住有机肥无害化这一关。首先，要把握住有机肥源头，对可能受化学、生物污染的有机肥要严禁使用，并禁止"生粪下地"。其次，要实行无害化处理。

1. 有机肥料无害化处理的方法

（1）高温堆肥法。将堆肥原料的碳氮比调至 25~35，水分调至 50%~60%，原料直径调至 0.5~1.5cm，原料的 pH 值原则上在6.5~8，将原料充分混合。加入一定量的堆肥接种菌剂再次充分混合后将原料堆成不同规格的堆垛、条垛，或在规定的槽内或反应器内发酵，及时翻堆并记录温度变化，当温度升至65℃，要进行翻堆，保持堆肥温度在55℃以上7~10d，数周后基本符合无害化卫生标准。堆肥完成后不应出现再升温现象。堆肥完成后进行适当时间的陈化以提高堆肥的内在品质。

（2）厌氧堆肥法。一般采用沤肥和沼气发酵，利用其绝氧的环境，以改变病菌、虫卵和杂草种子的生存条件，使其强烈地窒息而死亡。

2. 堆肥腐熟的标志

（1）秸秆变成褐色或黑褐色，湿时用手握之柔软有弹性，干时很脆，容易破碎。

（2）有黑色的汁液并有氨臭味，用铵试纸速测，铵态氮含量增高。

（3）堆肥浸出液，肥：水＝1：（5~10），加水搅拌放置3~5min，浸出液呈淡黄色。

（4）腐熟堆肥体积比刚堆时塌陷1/3或1/2。

（5）C/N值一般为20~30，pH值为5.5左右。

（6）有毒有害物质、重金属含量、大肠杆菌等有害微生物应符合国家相关标准的质量指标。

3. 厩肥腐熟的标志

秸秆已变成黑色泥状物，猪厩肥用手握之，有黏重感，反应呈碱性，有氨臭味，此时堆体缩小失重50%左右，水浸液呈浅黑色，透明有臭味，含水量60%左右，可概括为"黑、烂、臭"。有毒有害物质、重金属含量、大肠杆菌和蛔虫卵残留等有害微生物应符合国家相关标准的质量指标。

三、有机肥料的来源

应通过适当的耕作与栽培措施维持和提高土壤肥力，如回收、再生、补充有机质和养分来填补因植株收获土壤损失的有机质和养分，或采用种植豆科植物、免耕、土地休闲等措施进行土壤肥力的恢复。当上述措施无法满足植株生长需求时，可施用有机肥以维持和提高土壤的肥力、营养平衡和土壤生物活性，同时应避免过度施用有机肥，造成环境污染。

有机农业生产中应优先使用来自本有机生产单元或其他有机生产单元的有机肥，就地使用，如需外购肥料，外来农家肥应经认证机构确认符合要求后才能使用，商品肥料需通过国家有关部门的登记认证及生产许可，质量指标达标，并经认证机构许可后使用。

四、其他土壤培肥和改良物质

有机产品国家标准中还列出了可以使用的其他植物源、动物源、矿物源、微生物源的土壤培肥和改良物质。需要注意，使用天然矿物肥料时，不可以将其作为系统中营养循环的替代物，矿物肥料只能作为长效肥料并保持其天然成分，不应采用化学处理提高其溶解性，不应使用矿物氮肥。

第三节　有机农业对农药的要求

有机农业可供使用的药剂主要包括植物源、微生物源、动物源、矿物源的杀虫剂、杀菌剂、除草剂、杀螨剂、植物生长调节剂等。按照目前的有机产品国家标准（GB/T 19630—2019），农用抗生素不在可使用之列。

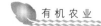

一、有机农业可供使用的农药

有机农业使用的农药按照来源可分两大类：一类为生物源农药；另一类为矿物源农药。

生物源农药包括微生物源农药、动物源农药和植物源农药。微生物源农药主要指活体微生物农药，其中包括真菌剂如蜡蚧轮杆菌，细菌剂如苏云金杆菌、蜡质芽孢杆菌，拮抗菌剂，昆虫病原线虫，微孢子和病毒制剂，微生物源农药的生产不得涉及转基因技术。动物源农药有昆虫信息素如性引诱剂、性干扰剂，天敌动物。植物源农药包括印楝素、除虫菊素、鱼藤酮等。矿物源农药主要指矿物油、硫制剂和铜制剂。

二、使用要求

有机农业应从整个农业生态系统出发，综合运用各种防治措施，创造不利于病虫草害滋生和有利于各类天敌繁衍的环境条件，保持农业生态系统的平衡和生物多样化，减少各类病虫草害所造成的损失。应优先采用农业措施，通过选用抗病抗虫品种、非化学剂种子处理、培育壮苗、加强栽培管理、中耕除草、耕翻晒垡、清洁田园、轮作换茬、间种套种等一系列措施起到防治病虫草害的作用。还应尽量利用灯光、色板诱杀害虫、机械捕捉害虫、机械或人工除草等措施防治病虫草害。

在上述方法不能有效控制病虫草害时，可使用有机产品相关标准中列出的产品。禁止使用合成的化学杀虫剂、杀菌剂、杀螨剂、除草剂和植物生长调节剂，如菊酯类农药三氯杀螨醇、三唑酮、苯磺隆等。禁止使用生物源、矿物源农药中混配有机合成农药的各种制剂，如 Bt 与杀虫双的混剂等。

三、使用方法

农药的使用方法多种多样，根据防治对象的生活规律、药剂性质、加工剂型特点和环境条件的不同，选择适当的施药方法，不但可以提高药效、降低成本，而且还能减轻对环境的污染，避免杀伤天敌，提高用药的安全性。

1. 喷雾法

喷雾法是农药使用方法中最常用的一种，以液体状态作用于防治对象。可以兑水使用的农药剂型有可湿性粉剂、可溶性粉剂、水剂、悬浮剂、悬乳剂、浓乳剂、微乳剂、乳油等，可直接喷雾使用的超低容量制剂、油剂、气雾剂等。

2. 喷粉法

喷粉法是利用鼓风机械所产生的气流把农药粉剂吹散后沉积到作物上的施药方法。其主要特点是不需用水、工效高、在作物上的沉积分布性能好、着药比较均匀、使用方便。在干旱、缺水地区喷粉法更具有实际应用价值。虽然由于粉粒的飘移问题使喷粉法的使用范围缩小了，但在特殊的农田环境中如在温室、大棚、森林、果园以及水稻田，喷粉法仍然是很好的施药方法。

3. 撒粒法

大多不需要任何器械而只需简单的撒粒工具。颗粒剂农药产品粒大，下落速度快，受风的影响小，适合土壤处理、水田施药和多种作物的心叶施药。

4. 熏蒸法

熏蒸法是利用熏蒸常温密闭的场所产生毒气来防治病虫害的方法。

5. 浸种（苗）和拌种法

拌种是将药剂与种子均匀混合，从而杀死种子上的病菌、害虫；浸种（苗）是将种子或幼苗浸在一定浓度的药液里，使种、苗粘着并吸收一定量的药剂，从而达到杀死种子、幼苗所带病原菌的目的。

6. 土壤处理法

土壤处理法是将农药采取喷雾、喷粉、撒毒土直接施在地面或一定土层内来防治病、虫、草害的方法。具体方法有 3 种：将农药直接喷洒在地面，然后耕翻；将农药与土混合后撒在地面；将农药兑水后浇灌在植物根部。

四、有机农业生产中常见的农药品种

1. 植物源农药

（1）印棟素。印棟素是从印棟树种子中提取的植物性杀虫剂，对昆虫有很强的触杀、拒食、忌避、胃毒和抑制生长的作用，对环境、人、畜、天敌安全，是目前世界公认的广谱、高效、低毒、易降解、无残留的杀虫剂且没有抗药性，对几乎所有植物害虫都有驱杀效果，适用于防治红蜘蛛、蚜虫、潜叶蛾、粉虱、菜青虫、棉铃虫、茶黄螨、蓟马等鳞翅目、鞘翅目和双翅目害虫，还能防治地下害虫。使用时，该药作用速度较慢，应在幼虫发生前期预防使用；印棟素对光照和高温敏感，在阴天或傍晚使用可减低其降解速度，提高药效；不可与碱性肥料和农药混用。

（2）苦参碱。苦参碱是由中草药植物苦参经乙醇等有机溶剂提取制成的生物碱。害虫触及药剂后即麻痹神经中枢，继而使虫体蛋白质凝固，堵塞气孔，使害虫窒息而死。本品对人、畜低毒，无抗药性，是广谱杀虫剂，对各种作物上的菜青虫、蚜虫、红蜘蛛等害虫有明显的防治效果，还可杀螨、抑制和灭杀真菌，对目标害虫有趋避作用。该药作用速度较慢，应在幼虫发生前期预防使用；不可与碱性肥料和农药混用。

（3）除虫菊素。除虫菊素是从除虫菊的花朵中提取的植物源杀虫剂。除虫菊是目前唯一集约化栽培的杀虫植物，有白花和红花2种，以白花除虫菊效力更大。除虫菊素与害虫体表接触后，直接作用于神经系统，杀死或击倒害虫。对人畜安全，不残留。可防治棉蚜、蓟马、叶蝉、菜青虫等害虫。使用时，不宜与碱性药剂混用；要注意药剂浓度，防止浓度过低时降低药效，害虫击倒后有复苏的现象；喷药时要使药剂接触虫体提高药效；不宜在鱼池附近使用。

其他常用植物源农药还包括鱼藤酮、烟碱、藜芦碱、蛇床子素等，可参照有机产品相关标准中的规定使用。

2. 微生物源农药

（1）苏云金杆菌（Bt）。包括许多变种的一类产晶体芽孢杆菌。苏云金杆菌对鳞翅目幼虫具有胃毒作用，死亡虫体破裂后，还可感染其他害虫。可用于防治直翅目、鞘翅目、双翅目、膜翅目，特别是鳞翅目的多种害虫。但对蚜类、螨类、蚧类害虫无效。对人畜安全，不伤害蜜蜂，对蚕有毒。使用时，避免高紫外线照射，气温在30℃时防治效果最好。

（2）白僵菌。有效成分为白僵菌孢子，孢子接触虫体后在体内繁殖并分泌毒素，导致害虫死亡，死虫体内病菌孢子散出后，可侵染其他害虫，使害虫大量死亡，侵染周期为7～10d。白僵菌使用简单，防效持续，安全性高，无残留，对人畜和天敌昆虫安全，对蚕有毒。使用时要注意粉剂活性，随配随用，因害虫感染后一般经4～6d才死亡，因此要在害虫密度较低时提前施药。

其他常用微生物源农药还包括绿僵菌、枯草芽孢杆菌、木霉菌、核型多角体病毒等。

3. 动物源农药

（1）棉红铃虫性诱干扰剂。一种外激素类杀虫剂，用于棉田防治棉红铃虫。它是通过对棉红铃虫成虫的交配活动进行干扰迷向，使其不能交配从而控制虫口数量的增长，达到防治的目的。

（2）赤眼蜂。可寄生于鳞翅目等 10 个目 200 多属 400 多种昆虫的卵内，目前赤眼蜂的防治对象有 20 多种农林作物的 60 多种害虫，主要有玉米螟、棉铃虫、黄地老虎、菜粉蝶、豆天蛾、尺蠖等，是我国应用面积最大、防治害虫最多的一类天敌。

4. 矿物源农药

（1）硫黄。一种无机硫杀菌剂，具有杀菌和杀螨作用，对小麦、瓜类白粉病、锈病有良好的防效，对枸杞锈螨防效也很高。其杀菌机制是作用于氧化还原体系细胞色素 b 和 c 之间电子传递过程，夺取电子，干扰正常的"氧化—还原"反应，从而导致病菌和螨虫死亡。主要以熏蒸和喷雾的方法进行施用。熏蒸时，产生的二氧化硫气体对人畜有害，应注意避免。可与生石灰熬制为石硫合剂后使用。

（2）石硫合剂。用生石灰、硫黄加水煮制而成的，它具有杀菌和杀螨作用。石硫合剂稀释喷于植物上，与空气接触后，受氧气、水、二氧化碳等作用发生一系列化学变化，形成微细的硫黄沉淀并释放出少量硫化氢发挥杀菌、杀虫作用。同时，石硫合剂具碱性，有侵蚀昆虫表皮蜡质层的作用，因此，对具有较厚蜡质层的介壳虫和一些螨卵有较好的效果。生产上常用于防治果树的螨类、苹果、葡萄和小麦白粉病等。

（3）硅藻土。主要有效成分为天然具有棱角的硅藻土。杀虫机制为物理性的杀虫作用，害虫在粮食中活动时与药剂接触摩擦，被其尖刺刺破表皮，使害虫失水死亡，达到杀虫目的。该药无毒、无污染，与稻米混合不会影响米的质量，淘米时硅藻土能与米糠一起被水冲去，不会残留在大米中。

（4）王铜（碱式氯化铜）。为无机铜保护性杀菌剂，喷到作物上后能黏附在作物表面，形成一层保护膜，不易被雨水冲刷。在一定湿度条件下，释放出铜离子，起杀菌防病作用。主要用于防治柑橘溃疡病，也可用于防治蔬菜真菌病害和细菌病害。

（5）氢氧化铜。是一种极细微的可湿性粉剂，为多孔针形晶体，单位重量上颗粒最多，表面积最大。靠释放出铜离子与真菌或细菌体内蛋白质中的—SH、—N_2H、—COOH、—OH 等基团起作用，导致病菌死亡。对植物生长有刺激增产作用。常用于防治蔬菜霜霉病、炭疽病、叶斑病、角斑病等。

其他常用矿物源农药还包括波尔多液、高锰酸钾、珍珠岩等。

5. 其他防病杀虫药剂和设施

小苏打（碳酸氢钠）、糖醋液、钾肥皂水、海盐和盐水等物质也具有杀虫杀菌作用，可在有机农业生产中应用。

第四节　饲料和饲料添加剂的要求

一、概念

（一）饲料的概念及分类

饲料，是所有人饲养的动物的食物总称，比较狭义地一般饲料主要指的是农业或牧业饲养的动物食物。饲料包括大豆、豆粕、玉米、鱼粉、氨基酸、杂粕、添加剂、乳清粉、油脂、肉骨粉、谷物、甜高粱等品种的饲料原料。

1. 按成分分类

一般来说只有植物饲料才被称为饲料，这些饲料中包括草、各种谷物、块茎、根等。这些饲料主要分为以下6类。

（1）含大量淀粉的饲料。这些饲料主要由含大量淀粉的谷物、种子、根或块茎组成的。比如，各种谷物、马铃薯、小麦、大麦、豆类等。这些饲料主要通过多糖来提供能量，而含很少蛋白质。它们适用于反刍动物、家禽和猪，但含太多淀粉的饲料不适用于马。

（2）含油的饲料。这些饲料由含油的种子（油菜、黄豆、向日葵、花生、棉籽）等组成。这些饲料的能源主要来自脂类，因此，其能量密度比含淀粉的饲料高。这些饲料的蛋白质含量也比较低。由于这些油也有工业用途，因此这样的饲料的普及性不高。工业榨油后剩下的渣依然含有相当高的油的含量。这样的渣也可以作为饲料，尤其对反刍动物非常好，也被广泛使用。

（3）含糖的饲料。这些饲料主要是以"甜高粱秸秆"为主的秸秆饲料或颗粒饲料，甜高粱秸秆糖度是18%～23%，动物适口性很好。

（4）含蛋白的饲料。这些饲料主要是以蛋白桑为主的植物蛋白饲料，蛋白桑的植物蛋白达到28%～36%，并富含18种氨基酸，是替代进口植物蛋白的最好原料。

（5）青饲料。这些饲料中整个植物被喂用，比如草、玉米、谷物等。这些饲料含大量碳水化合物，其中的营养非常杂。比如草主要含碳水化合物，蛋白质15%～25%，玉米则含较多的淀粉（20%～40%），蛋白质含量则少于10%。青饲料可以新鲜地喂用，也可以晒干后保存喂用。它们比较适用于反刍动物、马和水禽。一般不用来喂猪。

（6）其他饲料。除以上所述的饲料外还有许多其他种类的饲料，这些饲料可以直接来自大自然（比如鱼粉）或者是工业复制品（比如米糠、酒糟、剩饭等）。不同的牲畜使用不同的饲料，尤其反刍动物适用这些饲料。

2. 按主要营养元素分类

（1）配合饲料。配合饲料是指在动物的不同生长阶段、不同生理要求、不同生产用途的营养需要以及以饲料营养价值评定的实验和研究为基础，按科学配方把多种不同来源的饲料，依一定比例均匀混合，并按规定的工艺流程生产的饲料。

（2）浓缩饲料。又称为蛋白质补充饲料，是由蛋白质饲料（鱼粉、豆饼等）、矿物质饲料（骨粉石粉等）及添加剂预混料配制而成的配合饲料半成品。再掺入一定比例的能量饲料（玉米、高粱、大麦等）就成为满足动物营养需要的全价饲料，具有蛋白质含量高（一般在30%~50%）、营养成分全面、使用方便等优点。一般在全价配合饲料中所占的比例为20%~40%。

（3）预混合饲料。指由一种或多种的添加剂原料（或单体）与载体或稀释剂搅拌均匀的混合物，又称添加剂预混料或预混料，目的是有利于微量的原料均匀分散于大量的配合饲料中。预混合饲料不能直接饲喂动物。预混合饲料可视为配合饲料的核心，因其含有的微量活性组分常是配合饲料饲用效果的决定因素。

（4）功能性饲料。功能性饲料是指能促进动物生长、增强免疫力、改善动物产品品质，并可减少环境污染、改善生态环境的一类饲料。简单地说，功能性饲料就是添加一种或多种用来增

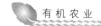

强新陈代谢或达到最佳生理状态的特定成分（营养因子）的饲料，从而改善动物的健康状况。功能性饲料一般被列为非营养性饲料添加剂的范畴。

3. 按饲料的原材料分类

（1）粗饲料。指干物质中粗纤维的含量在18%以上的一类饲料，主要包括干草类、秸秆类、农副产品类以及干物质中粗纤维含量为18%以上的糟渣类、树叶类等。

（2）青饲料。指自然水分含量在60%以上的一类饲料，包括牧草类、叶菜类、非淀粉质的根茎、瓜果类、水草类等。不考虑折干后粗蛋白质及粗纤维含量。

（3）青贮饲料。用新鲜的天然植物性饲料制成的青贮、加有适量糠麸类或其他添加物的青贮饲料，包括水分含量在45%～55%的半干青贮。

（4）能量饲料。指干物质中粗纤维的含量在18%以下，粗蛋白质的含量在20%以下的一类饲料，主要包括谷实类、糠麸类、淀粉质的根茎、瓜果类、油脂、草籽树实类等。

（5）蛋白质补充料。指干物质中粗纤维含量在18%以下，粗蛋白质含量在20%以上的一类饲料，主要包括植物性蛋白质饲料、动物性蛋白质饲料、单细胞蛋白质饲料等。

（6）矿物质饲料。包括工业合成的或天然的单一矿物质饲料，多种矿物质混合的矿物质饲料以及加有载体或稀释剂的矿物质添加剂预混料。

（7）维生素饲料。指人工合成或提纯的单一维生素或复合维生素，但不包括某项维生素含量较多的天然饲料。

（8）添加剂。指各种用于强化饲养效果，有利于配合饲料生产和储存的非营养性添加剂原料及其配制产品。如各种抗生素、抗氧化剂、防霉剂、黏结剂、着色剂、增味剂以及保健与代谢调节药物等。

（二）饲料添加剂的概念及分类

饲料添加剂是指在饲料生产加工、使用过程中添加的少量或微量物质，在饲料中用量很少但作用显著。饲料添加剂是现代饲料工业必然使用的原料，对强化基础饲料营养价值，提高动物生产性能，保证动物健康，节省饲料成本，改善畜产品品质等方面有明显的效果。

饲料添加剂是指在饲料加工、制作、使用过程中添加的少量或者微量物质。用于补充饲料营养不足的饲料添加剂称之为营养性饲料添加剂，如氨基酸、维生素、矿物微量元素等。非营养性饲料添加剂则包括一般性饲料添加剂和药物饲料添加剂两大类。

1. 一般性饲料添加剂

指为了保证或者改善饲料品质，促进饲养动物生产，保障饲养动物健康，提高饲料利用率而掺入饲料中的少量或微量物质，如酸化剂、调味剂、酶制剂等。

2. 药物饲料添加剂

则指为了预防动物疾病或影响动物某种生理、生化功能，而添加到饲料中的一种或几种药物与载体或稀释剂按规定比例配置而成的均匀混合物，如抗球虫剂、驱虫剂、抗菌剂、促生长剂。

有机产品生产的饲料和饲料添加剂是指遵循可持续发展原则，按照特定生产方式生产，生产过程中严格执行有机产品生产资料使用准则和生产操作规程，符合有机农业生产的技术规范，产品质量符合有机产品标准，经专门机构认定，许可使用有机产品标志的无污染的安全、优质、营养、高效的饲料和饲料添加剂。

二、有机农业对饲料及饲料添加剂的技术要求

1. 有机畜禽的饲料

畜禽应以有机饲料饲养。饲料中至少应有50%来自本养殖场饲料种植基地或本地区有合作关系的有机农场。饲料生产和使用应符合相关的要求。

在养殖场实行有机管理的前12个月内，本养殖场饲料种植基地按照本标准要求生产的饲料可以作为有机饲料饲喂本养殖场的畜禽，但不得作为有机饲料销售。饲料生产基地、牧场及草场与周围常规生产区域应设置有效的缓冲带或物理屏障，避免受到污染。

应保证草食动物每天都能得到满足其基础营养需要的粗饲料。在其日粮中，粗饲料、鲜草、青干草或者青贮饲料所占的比例不能低于60%（以干物质计）。对于泌乳期前3个月的乳用畜，此比例可降低为50%（以干物质计）。在杂食动物和家禽的日粮中应配以粗饲料、鲜草或青干草或者青贮饲料。

2. 禁止使用以下饲料和饲料添加剂

（1）未经农业部批准的任何饲料和饲料添加剂。

（2）转基因（基因工程）生物或其产品。

（3）以动物及其制品饲喂反刍动物或给畜禽饲喂同种动物及其制品。

（4）未经加工或经过加工的任何形式的动物粪便。

（5）经化学溶剂提取的或添加了化学合成物质的饲料，但使用水、乙醇、动植物油、醋、二氧化碳、氮或羧酸提取的除外。

（6）化学合成的生长促进剂（包括用于促进生长的抗生素、抗寄生虫药和激素）。

（7）化学合成的调味剂和香料。

（8）防腐剂（作为加工助剂时例外）。

（9）化学合成的着色剂。

（10）非蛋白氮（如尿素）。

（11）化学提纯氨基酸。

（12）抗氧化剂。

（13）黏合剂。

3. 初乳期幼畜应由母畜带养，并能吃到足量的初乳

可用同种类的有机奶喂养哺乳期幼畜。在无法获得有机奶的情况下，可以使用同种类的非有机奶。不应早期断乳或用代乳品喂养幼畜。在紧急情况下可使用代乳品补饲，但其中不得含有抗生素、化学合成的添加剂或动物屠宰产品。

4. 给予动物饲料的剂型和方式

必须充分考虑动物的消化道结构和特殊生理需要。

5. 其他要求

（1）所有动物都必须自由接触新鲜的水源，以充分保证动物的健康和活力。

（2）青贮饲料添加剂不能来源于转基因生物或其派生的产品，但可以是用海盐、酵母、丙酸菌、酶、乳清、糖、糖蜜、蜂蜜、甜菜渣、谷物。

（3）根据动物的种类确定使用母乳喂养哺乳动物幼畜的最短时间。其中，牛（包括水牛）、马、驼 3 个月，羊 45d、猪 40d。

三、可用于有机食品生产的饲料添加剂

（1）使用的饲料添加剂应在农业农村部发布的饲料添加剂品种目录中，并批准销售的产品，同时应符合 GB/T 19630—2019 附录 B 表 B.1 添加剂和用于动物营养的物质中给出可以使用的具体物质。

（2）可使用氧化镁、绿砂等天然矿物质；不能满足畜禽营养需求时，可使用 GB/T 19630—2019 附录 B 表 B.1 中列出的矿物质和微量元素。

（3）添加的维生素应来自发芽的粮食、鱼肝油、酿酒用酵母或其他天然物质；不能满足畜禽营养需求时，可使用人工合成的维生素。

（4）饲用酶制剂。由于抗营养物质的多样性，影响饲料消化的因素是多方面的，单一酶制剂的作用十分有限，必须发挥酶的协同作用，使用复合酶制剂。大量的试验表明，应用复合酶制剂可以提高饲料利用率，提高生长速度（日增重、产蛋率），降低动物发病率和死亡率，降低饲养成本，改善环境，减少氮、磷污染。

在饲料中允许使用的饲用酶制剂种类包括：淀粉酶（产自黑曲霉、解淀粉芽孢杆菌、地衣芽孢杆菌、枯草芽孢杆菌、长柄木霉、米曲霉、大麦芽、酸解支链淀粉芽孢杆菌），α-半乳糖苷酶（产自黑曲霉），纤维素酶（产自长柄木霉、黑曲霉、孤独腐质霉、绳状青霉），β-葡聚糖酶（产自黑曲霉、枯草芽孢杆菌、长柄木霉、绳状青霉、解淀粉芽孢杆菌、棘孢曲霉），葡萄糖氧化酶（产自特异青霉、黑曲霉），葡萄糖，脂肪酶（产自黑曲霉、米曲霉），麦芽糖酶（产自枯草芽孢杆菌），β-甘露聚糖酶（产

自迟缓芽孢杆菌、黑曲霉、长柄木霉），果胶酶（产自黑曲霉、棘孢曲霉），植酸酶（产自黑曲霉、米曲霉、长柄木霉、毕赤酵母），蛋白酶（产自黑曲霉、米曲霉、枯草芽孢杆菌、长柄木霉），角蛋白酶（产自地衣芽孢杆菌），木聚糖酶（产自米曲霉、孤独腐质霉、长柄木霉、枯草芽孢杆菌、绳状青霉、黑曲霉、毕赤酵母）。

（5）饲用微生物制剂，又称为功能微生物制剂、生物饲料添加剂、益生菌剂、微生态制剂、微生物饲料添加剂等。作为饲用微生物制剂的主要菌种有乳酸杆菌、双歧杆菌、粪链球菌、酵母菌、蜡样芽孢杆菌、枯草杆菌等。一般多制成复合活菌制剂使用，进入胃肠道后主要起着竞争性排除作用，控制致病菌在肠道定殖，以达到恢复肠道菌群平衡和动物健康的目的。

饲料微生物制剂必须符合下列条件：应是非致病性的活菌制剂或由微生物发酵而产生的无毒副作用的有机物质；对宿主机体产生有利影响的功能；应是活的微生物，且要求与正常有益菌能共存共荣，并且自身具有抗逆能力；在肠道环境中能控制有害菌群，而且其代谢产物不对宿主产生不利影响；应有较好的包被技术可以躲过胃液的水解；在生产条件下可保持良好的稳定性和货架寿命。

由农业农村部饲料添加剂专业委员会讨论通过可用于饲料添加剂的微生物菌种为：地衣芽孢杆菌、枯草芽孢杆菌、两歧双歧杆菌、粪肠球菌、屎肠球菌、乳酸肠球菌、嗜酸乳杆菌、干酪乳杆菌、德氏乳杆菌乳酸亚种（原名：乳酸乳杆菌）、植物乳杆菌、乳酸片球菌、戊糖片球菌、产朊假丝酵母、酿酒酵母、沼泽红假单胞菌、婴儿双歧杆菌、长双歧杆菌、短双歧杆菌、青春双歧杆菌、嗜热链球菌、罗伊氏乳杆菌、动物双歧杆菌、黑曲霉、米曲霉、迟缓芽孢杆菌、短小芽孢杆菌、纤维二糖乳杆菌、发酵乳杆菌、德氏乳杆菌保加利亚亚种（原名：保加利亚乳杆菌）、产酸丙酸杆菌、布氏乳杆菌、副干酪乳杆菌、凝结芽孢杆菌、侧孢短芽孢杆菌（原名：侧孢芽孢杆菌）。这些菌种的应用效果和安全性都经过充分评估，安全性不容置疑。

第五节　动物生产中兽药的要求

兽药是指用于预防、治疗、诊断动物疾病或者有目的的调节动物生理机能的物质（含药物饲料添加剂），主要包括：血清制品、疫苗、诊断制品、微生态制品、中兽药、中成药、化学药品、抗生素、生化药品、放射性药品、外用杀虫剂、消毒剂等。这里说得很明确，兽药的使用对象是动物，它包括所有的家畜、家禽、各种飞禽走兽等野生动物和鱼类等。

一、有机动物生产的兽药开发

兽药有别于一般商品，是确保有机畜禽产品生产的重要物质条件。国家对兽药生产企业的规范化管理，引导企业走向科学化、现代化的发展道路。

随着畜禽生产和防治技术的发展，有机畜禽产品需要大量的适用于有机食品生产的兽药，更需要不断开发更多科技含量高、疗效显著、效果确定、安全无副作用的新的兽药。兽药新产品的开发和研制是摆在兽药生产企业面前的又一项重要工作，这是企业发展的方向。首先是根据我国国情，要大力发展和优先发展一批中高档次，技术含量高的有机食品生产的兽药，这对满足有机畜禽产品的需要，保护畜牧业生产有着重要的意义。其次是瞄准市场，有针对性地生产和开发一些畜禽疫病防治所急需的兽药产品。再次是发挥我国传统医学的优势，积极开发有特色的中兽药和中西兽药复方制剂。特别在开发抗病毒药和无残留饲料添加剂方面，中兽药的开发更具有强大的生命力和良好的前景。

二、有机动物生产的兽药使用安全及其监控

多年来，由于畜牧业生产者普遍热衷于寻找提高动物性食品产量的方法，往往忽略了动物性食品质量安全性问题，其中最重要的是化学物质在动物性食品中的残留及其残留对人类健康的危害问题。因此，这些年来不断出现动物性食品药物残留超标事件，给消费者的健康造成了危害，也给我国畜禽产品的正常出口贸易带来了极大困难。

（一）有机动物产品中常见的污染

有机动物产品中常见的污染有兽药、农药、工业废物等有机物，微生物，寄生虫，其中危及动物性食品安全最常见也是最重要的一类污染源则是兽药。

兽药残留可分为 5 类：驱肠虫药类；生长促进剂类；抗原虫药类；镇静剂类；β-肾上腺素能受体阻断剂等。在动物源食品中较容易引起兽药残留量超标的兽药主要有抗生素类、磺胺类、呋喃类、抗寄生虫类和激素类药物。

（1）兽药种类。兽药种类繁多，各种兽药的作用和毒性不尽相同，产生兽药残留的主要兽药有以下 4 类。

①抗生素类。大量、频繁地使用抗生素，可使动物机体中的耐药致病菌很容易感染人类；而且抗生素药物残留可使人体中细菌产生耐药性，扰乱人体微生态而产生各种毒副作用。在畜产品中容易造成残留量超标的抗生素主要有氯霉素、四环素、土霉

素、金霉素等。

②磺胺类。磺胺类药物主要通过输液、口服、创伤外用等用药方式或作为饲料添加剂而残留在动物源食品中。在近15~20年，动物源食品中磺胺类药物残留量超标现象十分严重，多在猪、禽、牛等动物中发生。

③激素。在养殖业中常见使用的激素和 β-兴奋剂类主要有性激素类、皮质激素类和盐酸克仑特罗等。许多研究已经表明盐酸克仑特罗、己烯雌酚等激素类药物在动物源食品中的残留超标可极大危害人类健康。其中，盐酸克仑特罗（瘦肉精）很容易在动物源食品中造成残留，健康人摄入盐酸克仑特罗超过20μg就有药效，5~10倍的摄入量则会导致中毒。

④其他兽药。呋喃唑酮和硝呋烯腙常用于猪或鸡的饲料中来预防疾病，它们在动物源食品中应为零残留，即不得检出，是我国食品动物禁用兽药。苯并咪唑类能在机体各组织器官中蓄积，在投药期的肉、蛋、奶中有较高残留。

（2）产生原因。养殖环节用药不当是产生兽药残留的最主要原因。产生兽药残留的主要原因大致有以下5个方面。

①非法使用。我国农业农村部规定，不得使用不符合《兽药标签和说明书管理办法》规定的兽药产品，不得使用《食品动物禁用的兽药及其他化合物清单》所列21类药物及未经农业农村部批准的兽药，不得使用进口国明令禁用的兽药，畜禽产品不得检出禁用药物。但事实上，养殖户为了追求最大的经济效益，将禁用药物当作添加剂使用的现象相当普遍，如饲料中添加盐酸克仑特罗（瘦肉精）引起的猪肉中毒事件等。

②不遵守规定。休药期的长短与药物在动物体内的消除率和残留量有关，而且与动物种类，用药剂量和给药途径有关。国家

对有些兽药特别是药物饲料添加剂都规定了休药期，但是大部分养殖场（户）使用含药物添加剂的饲料时很少按规定施行休药期。

③滥用药物。在养殖过程中，普遍存在长期使用药物添加剂，随意使用新或高效抗生素，大量使用医用药物等现象。此外，还大量存在不符合用药剂量、给药途径、用药部位和用药动物种类等用药规定以及重复使用几种商品名不同但成分相同药物的现象。所有这些因素都能造成药物在体内过量积累，导致兽药残留。

④违背有关规定。《兽药管理条例》明确规定，标签必须写明兽药的主要成分及其含量等。可是有些兽药企业为了逃避报批，在产品中添加一些化学物质，但不在标签中进行说明，从而造成用户盲目用药。这些违规做法均可造成兽药残留超标。

⑤屠宰前用药。屠宰前使用兽药用来掩饰有病畜禽临床症状，以逃避宰前检验，这也能造成肉食畜产品中的兽药残留。此外，在休药期结束前屠宰动物同样能造成兽药残留量超标。

（二）有机动物产品中兽药残留的危害性

1. "三致"作用及毒性作用

这些兽药品种应被禁止使用或严格限制使用，否则在动物性食品中残留会给人的健康带来严重后果。如磺胺二甲嘧啶能诱发人的甲状腺癌，甾体激素（己烯雌酚）能引起女性早熟和男性的女性化以及子宫癌，氯霉素能引起人骨髓造血机能的损伤，苯并咪唑类药物能引起人体细胞染色体突变和致畸胎作用，盐酸克仑特罗（β-兴奋剂）能引起人体中毒心慌、心悸及磺胺类药物能破坏人的造血系统（包括出现溶血性贫血、粒细胞缺乏症、血小板减少症）等。

2. 过敏反应

常引起人过敏反应发生的残留药物主要有青霉素类、四环素类、磺胺类和某些氨基糖甙类药物，其中以青霉素类引起的过敏反应最常见。有关牛奶中青霉素类和磺胺类药物残留引起人过敏反应的病例不计其数，轻者引起皮肤瘙痒和荨麻疹，重者引起急性血管性水肿和休克、严重的过敏病人甚至出现死亡。个别地方尤其是婴幼儿，因食用鲜牛奶后出现皮肤过敏和荨麻疹的病例屡见不鲜。这主要是由于青霉素或磺胺类药物治疗奶牛乳房炎时不遵守弃乳期造成牛奶中该类药物残留引起的。

3. 耐药性

在过去几十年内，抗生素普遍被用作促进动物生长的饲料药物添加剂，但由于大量长期使用抗生素添加剂，使得动物体内（尤其是动物肠道内）的细菌产生了耐药性。细菌对这些抗生素产生耐药性后往往对医学上使用的同种或同类抗生素也产生耐药性和交叉耐药性。而动物体内细菌产生的耐药性可能会通过 R-质粒传递给人体。这样，一旦细菌的耐药性传递给人体，就会出现抗生素无法控制人体细菌感染性疾病的情况，其后果不堪设想。到目前为止，尽管有关细菌耐药性传递会给人用抗生素治疗疾病带来困难的问题尚未完全定论，但这种可能性是完全存在的。

（三）有机（动物）食品生产的兽药残留的防范和监控措施

1. 大力开发用于有机食品生产的兽药，规范兽药的生产、销售和使用

我国农业农村部颁布的"兽药管理条例"中对兽药的生产和销售已有立法规定。近年来农业农村部相继发布了允许使用的添加剂品种目录，禁止诸如镇静剂、己烯雌酚或类固醇类物质及具有促进蛋白质合成作用的 β-兴奋剂作添加剂使用的规定等。

因此，要防范药物残留，必须严格规定和遵守兽药的使用对象、使用期限、使用剂量以及休药期等。禁止使用违禁药物和未被批准的药物，限制或禁止使用人畜共享的抗生素药物或可能具有"三致"作用和过敏反应的药物，尤其是禁止将它们作为饲料添加剂使用。对允许使用的兽药要遵守休药期规定，特别是对药物添加剂必须严格执行使用准则和休药期规定。对违反兽药使用准则的单位和个人应依法采用严厉的惩罚措施。

2. 开展兽药残留研究和检测，建立并完善我国兽药残留监控体系

（1）加快兽药残留的立法，完善相应的配套法规（如检测方法、休药期，最高残留限量规定等）。

（2）加快国家级、部级以及省地级兽药残留机构的建立和建设，使之形成自中央至地方的完整的兽药残留检测网络结构。

（3）建立我国的兽药残留监控计划，尤其要制定未来5～10年的兽药残留计划。

（4）对养殖场（户）、屠宰场和食品加工厂开展兽药残留的实际监测工作，摸清目前兽药残留状况，为制订今后我国的残留监测工作提供依据。

（5）开展兽药残留国际合作与技术交流，与国际接轨。

总之，动物性食品的安全性是关系到人类健康的大事，彻底防范动物性产品中药物残留是我们的责任与义务。但要做好这项工作，必须由畜牧、兽医、饲料、兽药、屠宰场、肉品销售商、肉类加工厂、农牧行政管理机构共同努力，还要有科研单位、消费者、食品卫生、商品检验等主管机构的支持与鞭策。只要各行各业都各负其责，大力开发更有效、更安全的有机（动物）食品生产所需兽药，就会使动物性食品中药物残留得到有效的控

制，动物性食品的安全性完全可以得到保证。

第六节　其他养殖投入品的要求

一、食用菌

食用菌培养基质应为食用天然材料或有机生产的基质，基质中可以添加以下辅料。

来自有机生产的农家肥、畜禽粪便、符合相关有机产品标准要求的土壤培肥、改良物质，但不应超过基质总干重的25%，且不含有人粪尿或集约化养殖场的畜禽粪便。

按有机方式生产的农业来源的产品。

符合有关有机农业标准的矿物来源的土壤培肥和改良物质。

未经化学处理的草炭。

砍伐后未经化学处理的木材。

生长基质中不允许使用化学合成的杀虫剂、杀菌剂、肥料及生长调节剂。

木料和接种位使用的涂料应是食品级产品，不应使用石油炼制的涂料、乳胶漆和油漆等。

二、蜂产品

养蜂场进行有机生产初期，如不能获得有机蜂蜡加工的巢础，经批准可使用常规蜂蜡加工的巢础，但应在12个月内更换所有的巢础，若不能更换，则需延长转换期。

蜂箱应用天然材料（如未经化学处理的木材等）或涂有有机蜂蜡的塑料制成，不应用木材防腐剂及其他禁用物质处理过的木料来制作和维护蜂箱。蜂箱表面不应使用含铅涂料。

三、水产品

在水产养殖用的建筑材料和生产设备上，不应使用涂料和合成化学物质，以免对环境或生物产生有害影响。

第四章　有机种植生产

第一节　有机种植基地的规划

一、有机基地的规划管理

对选择好的拟进行有机转换的基地，非常重要的工作就是对其进行因地制宜的规划，建立良性循环和生态保护的有机生产体系。要先对基地的基本情况进行调查，了解当地的农业生产、气候条件、资源状况以及社会经济条件，建立多层利用、多种种植、种养结合、循环再生的模式，在具体细节上要按有机农业的原理和有机食品生产标准的要求制订一些有关生产技术和生产管理的计划，如作物轮作、土壤培肥、病虫草害防治措施以及基地的运作形式等。通过制定规划明确有机生产的目标、发展的规模与速度，保障有机生产的成功进行。有机基地的规划管理首先应做好以下几方面的工作。

1. 制订有机生产计划

按照基地及其周围的环境条件对有机食品的需求制订有机生产计划，并对生产技术进行指导与咨询，监督生产计划的实施。

2. 建立质量管理体系

按照有机生产质量管理体系的要求，结合该有机基地的具体情况建立有针对性的有机基地质量控制体系，保证基地完全按照有机农业标准进行生产；设专人管理有机食品生产基地，并对有机食品生产基地的全过程建立严格的文档记录；选拔技术骨干充当内部检查员，从而保证有机生产顺利进行。

3. 人员培训

对基地的管理人员和直接从事有机食品生产的人员进行培训，让其了解和掌握有机农业的管理、技术与方法及有机食品的生产标准，以便按照有机生产的要求进行操作。培训的内容可包括：有机农业、有机食品的概念；有机农业的起源与发展；有机农业的基本原理；有机农业的生产技术；有机食品的生产、加工标准；有机食品的国内外发展状况；有机食品的检查和认证；以及如何填写有机食品生产基地的文档记录等。

二、有机种植的轮作模式

1. 超常规带状间套轮作

不同于常规的小面积和少数作物的分带间套轮作，它要求在大片农田内，所有可互惠互利的农作物，包括粮食作物、经济作物、饲料作物、蔬菜类、药用植物、果树、经济林木等，均以条带状相间种植，间套轮作的作物可以是十几种到几十种。超常规带状间套轮作的带幅较窄，其中乔木、灌木和多年生草本作物均宜以单行种植为主，一年生和二年生作物可适当多行种植，同类作物带的间距要大，其中作物越是多年生，间距要越大，植株越高大，间距也要越大。同科属作物或相克的作物不能直接相邻间套轮作，要尽可能保证农田内一年四季有开花作物，并适当增加豆科作物的间套轮作，以培养地力。

2. 水旱轮作模式

在5—9月轮作一季中晚稻，9月至翌年5月可种各种蔬菜、

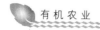

草莓等草本水果，紫云英、苜蓿等绿肥及麦类作物等。

3. 苏北地区四年蔬菜精细轮作模式

第一年：春马铃薯或大蒜头→大豆、花生、玉米、豇豆。

第二年：耐寒白菜、菠菜、叶用甜菜、豌豆、荠菜→山芋、蕹菜、豆薯→洋葱。

第三年：南瓜、冬瓜→青蒜、秋马铃薯、秋冬莴笋→翻耕冻垄或豌豆、苜蓿等绿肥。

第四年：西瓜、辣椒→秋四季豆、秋辣椒、青蒜。

4. 山东蔬菜轮作模式

菠菜→生菜→青花菜→胡萝卜→菠菜→豇豆→生菜。

菠菜→生菜→青花菜→马铃薯→菠菜→茄子。

圆葱→生菜→豇豆→菠菜→生菜→青花菜→大葱。

荷兰豆→菠菜→大葱→青花菜→生菜→马铃薯。

荷兰豆→菠菜→大葱→青花菜→生菜→胡萝卜。

莲藕→芹菜→菠菜→甘蓝（莲藕为保护地栽培的旱地节水池藕，6月中旬收完）。

5. 南方红壤旱地轮作模式

三年轮作模式：甘薯→萝卜→大豆→芝麻→萝卜→花生→萝卜。

二年轮作模式：大豆→芝麻→萝卜→花生→萝卜。

一年轮作模式：花生→空心菜（叶菜类）→马铃薯。

第二节　有机农业种植技术

一、种植环境和基础条件

目前我国进行有机农业产品的种植都需要针对产品的种植环

境（主要指土壤和大气）、种植应用水源等基础条件进行有机环境检测，通过相关单位的科学监测，能够保证种植环境和基础条件中不含有农药残留以及化学物质污染，避免在生物循环体系中影响有机农业产品的品质。

二、选用优良品种或者种苗

进行有机农业产品种植需要保证品种的品质，其能够对种植环境有较强的适应能力，品种的选择应当符合本地的自然条件和气候特征，有机种植需要减少生物制剂的使用，因而种子或者种苗还需要针对病虫害具有一定的自身抵抗力，能够具有较高的自愈性和活性。在播种之前需要对种子进行筛选，尽量避免不合格种子的应用，有必要的情况下，可以对种子进行提前育苗工作，进而保证种子的成活率。

三、采用轮作、立体种植等多样种植方式

有机农业种植对于土壤的要求较高，有些种植区域的土壤环境可能在初始阶段不具备种植有机产品的条件，因而可以采用作物轮种的方式对土壤环境进行改良，增强土壤的肥力和通透性，在土壤监测符合有机种植条件之后，再进行产品种植。种植周期结束之后，需要及时对作物残茎、根等物质移除，减少翌年种植过程中病虫害发生概率。有机种植方式的产品产量与传统种植方式具有一定的差距，种植户可采用作物套种的方式进行立体种植，能够有效提高种植收益，还能够通过植物根际之中携带的不同微生物物质，减少病虫害现象，有机立体养殖技术已经在全国诸多区域得到应用和推广。

四、有机农业种植施肥技术

有机农业种植的施肥环节也是关键环节，选用的肥料主要为生物菌肥以及各种有机肥料，禁止应用人工化学合成肥料，种植户可以选用人畜粪便、秸秆还田肥料，也可以自行进行微生物酵素的制作，增强土壤的微量元素含量，保证作物的生长需求，其中生物有机肥料是应用较为广泛的有机肥产品。在产品种植之前进行土壤翻耕时，便需要进行底肥的使用，保证作物在生长初期的肥料供应，在作物生长到一定程度之后，还需要进行追肥，或者施用有机叶面肥，保证作物继续生长的肥力供应。

第三节　有机农业病虫害防治技术

一、有机生产中病虫害防治的主要措施

1. 农业防治

其主要技术措施包括保护性耕作、轮作或间作、健康而有益的土壤改良、有益生物的生境调节及利用作物抗性品种等，这些措施的目的是增加有机农业生产系统中的生物遗传多样性，而地上部分的多样性会影响地下部分。

（1）清洁田园。对外来的动植物材料进行严格的控制，避免外来有害生物的传入，对田园中植物残体进行清理，并进行充分堆沤，实施无害化处理。特别是在温室条件下，有效的卫生设施是控制病虫害的关键，如在温室附近设置 3～9m 的无植被带，清除残余的植物体等能起到有效的隔离。

（2）合理轮作。实施合理的作物轮作能有效地控制蔬菜、

西瓜、草莓、生姜等多种作物的土传病虫害。特别是水旱轮作效果更佳，如草莓与水稻轮作。作物轮作也是控制杂草危害的有效方法，但轮作要精心设计作物品种、播种时间和轮作顺序等。

（3）间套作。作物间作是 2 种以上的作物间隔种植的一种方式，套作是指在前季作物生长后期的株、行或畦间播种或栽植后季作物的一种种植方式。如小麦间大豆、玉米间大豆模式，小麦行间套种玉米、水稻行间套播绿肥等。合理的间套作对病虫草害有较好的控制作用。当然，作物间套作前应该科学设计种植的方法、时间和作物品种等，既要能控制病虫害，又不能影响作物的生长。另外，间套作一些对害虫有驱避作用的间作物，可有效地控制害虫的为害。

（4）生境调节。如在植物篱生境中，甲虫和蜘蛛的丰富度显著提高，成熟的植物篱能很好地保护禾谷类蚜虫和作物害虫的重要捕食性天敌。

2. 物理防治措施

在农作物病虫害管理过程中，通过调节温度、湿度、光照、颜色等对作物病虫害均有较好的控制作用，这些措施通常在有机农业生产中得到了广泛的应用。如利用高温或蒸汽处理温室土壤，可以有效地控制许多土传的植物病害；利用杀虫灯诱杀害虫；蔬菜作物的行间覆盖可以趋避跳甲、黄瓜叶甲和洋葱、胡萝卜、白菜、玉米根蛆的成虫；使用防虫网可以阻隔蚜虫、蓟马及其他害虫进入温室为害作物；冷藏能降低采后病害的发生等。黄色粘虫板通常在温室使用，以减少白粉虱、潜叶蝇、蚜虫、蓟马等害虫的种群密度。在温室里使用紫外吸收塑料薄膜能干扰银叶粉虱的行为，减少其为害。

3. 生物防治

生物防治就是使用活体生物（包括寄生性、捕食性天敌或有益病原物）控制有害生物在经济损失水平以下。这种方法的使用必须先评价有害生物种群在当地生态系统中的相互作用和对病虫害的控制作用、采取各种有效的措施保护和利用有益的生物类群。如周期性释放赤眼蜂控制鳞翅目害虫，保护生境，提高瓢虫、草蛉、蜘蛛及一些捕食性甲虫的种群数量，达到控制害虫的目的等。

在棉花生产中，许多捕食螨、草蛉、蜘蛛、寄生蝇和寄生蜂、昆虫病毒、寄生性真菌和细菌等对多种害虫（棉铃虫、烟青虫、甜菜夜蛾、蚜虫和蓟马等）具有较强的控制能力。

二、有机生产中病虫害防治实用技术

1. 防虫网的使用

防虫网采用高密度聚乙烯为原料拉丝精织而成，具有耐老化（使用寿命3~5年）、抗拉强度大、成本低等特点，主要应用于蔬菜生产。应用防虫网覆盖栽培技术可以防止害虫成虫进入，减少害虫为害。在蔬菜种植上，秋季是菜青虫、小菜蛾、斜纹夜蛾、甘蓝夜蛾、蚜虫等多种害虫的多发时期，因防虫网的网眼很小，一般密度为24~30目，采用防虫网覆盖后，害虫成虫飞不进菜田，可以有效地抑制害虫侵入和传播病毒；同时防虫网还可缓冲暴雨、冰雹对作物的撞击，并具有防强风、防冻害等功能。

2. 杀虫灯的使用

在灯光诱杀中，黑光灯与高压汞灯使用得比较多，主要是利用昆虫对紫外线特别敏感的特性，黑光灯中经改进的双黑灯和黑绿色单管双光灯效果更好，比黑光灯诱集效果提高1倍。黑光灯可以诱集玉米螟、蝼蛄、棉铃虫、金刚钻、金龟子、叶蝉、中黑盲椿象等10余种害虫，均有良好的诱杀效果。

使用黑光灯应选择无风、温暖的前半夜进行，在灯下放置水盆，盆内放些机油或植物油粘住虫体，以防逃逸。使用灯光诱杀害虫要注意灯光对作物的影响和可能导致的灯光周围害虫为害加重的风险。因此，要注意开灯的时间选择与持续时间的控制及安装杀虫灯的密度。

3. 黄板防治蚜虫、潜叶蝇

取 35cm×25cm 的木板，也可用三合板，打 2 个孔，便于悬挂，用广告色调成橘黄色（黄色光的波长为 650nm 左右，介于红光与蓝光之间），表面铺上保鲜膜，在保鲜膜上均匀刷上食用油，悬挂高度与作物同高度即可，南北挂最好，根据虫口密度，一般每 2 块黄板相间 10m，每 100m² 挂 6 块，在化蛹中后期悬挂最好。只对成虫有用，蚜虫、潜叶蝇有趋光性，飞到黄板上，即刻被粘住，起到杀虫效果。当黄板上粘的虫较多时，取下保鲜膜，换上新的，再涂上食用油，黄板可继续使用多次。此法在温室中（设施农业）较有效，在露地可作为害虫发生预测预报的手段。

4. 土壤电处理技术

土壤电处理技术是指通过直流电或正或负脉冲电流在土壤中引起的电化学反应和电击杀效应来消灭引起植物生长障碍的有害细菌、真菌、线虫和韭蛆等有害生物，并消解前茬作物根系分泌的有毒有机酸的物理植保技术。利用土壤电处理技术进行土壤消毒灭虫是通过埋设在土壤中相距一定距离的 2 块极板通电完成的，其中在极板中央土壤中还需布设介导颗粒和撒施强化剂、灌水。

5. 天敌昆虫防治害虫

利用天敌昆虫防治害虫是一个重要的生物防治手段。昆虫天敌的种类很多，可分为捕食性天敌和寄生性天敌。捕食性天敌常见的有猎蝽、刺蝽、花蝽、草蛉、瓢虫、步行虫、蜻蜓、螳螂、食虫虻、食蚜蝇、胡蜂、泥蜂以及捕食螨类等，捕食虫量都很大。寄生性天敌常见的有赤眼蜂、丽蚜小蜂、肿腿蜂、烟蚜茧蜂、少脉蚜茧蜂等。

在害虫发生时，将天敌释放或撒在被为害作物上。以瓢虫为例，在蚜虫等害虫发生初期开始释放瓢虫成虫产品，按瓢虫∶害虫为 1∶100 比例释放，也可按照每亩（1 亩 ≈ 667m^2，15 亩 = 1hm^2）200~300 头的标准释放。瓢虫卵卡产品在作物刚刚定植后，傍晚或清晨将瓢虫卵卡悬挂在蚜虫为害部位附近。悬挂位置应避免阳光直射。定植初期，每亩使用瓢虫卵约 2 000 粒。释放瓢虫幼虫时，需按照益害比 1∶（20~40），以蚜虫"中心株"为重点释放，2 周后再释放 1 次。

6. 植物源农药防治

如果早期控制不及时，害虫大量繁殖，则还可用苦参碱、除虫菊素、万寿菊根乙醇、大蒜素、藿香蓟提取剂、楝树制剂（印楝素）、鱼藤酮等天然植物性农药防治。

除此之外，还可自制植物性药剂防治常见害虫。如自制辣椒水防治蚜虫、红蜘蛛、地老虎等；自制蓖麻液防治种蝇、地老虎、蝼蛄等。

7. 植物油防治叶螨、红蜘蛛

植物油（如菜籽油）加水与乳化剂（类脂）配成不同浓度的乳油，如 1% 溶液防治黄瓜害虫，0.5%~2% 溶液防豆类害虫，7~10d 喷 1 次。

这是利用植物油抑制呼吸的原理，既杀虫，也杀卵，但对叶片的呼吸也有影响，用之前要做好试验，找到施用的最佳浓度。

在德国，此方法用在黄瓜、甘蓝类、豆类上均无问题。另外，本方法只作为防治的辅助手段，在天敌较丰富时，也可不用。

第四节 主要有机农产品的种植技术

一、有机水稻的种植

1. 有机水稻的环境选择

有机水稻的种植地块一般选择在肥力较好、排灌便利、与其他地块有自然隔离的地块，附近有污染源地块禁止种植有机水稻。

2. 有机水稻的种植过程

（1）品种选择。有机水稻的栽培过程中，品种选择很重要．有机水稻的生产应当选择中熟、抗性强、适应性广、高产稳产的品种。种子必须经过筛选，籽粒饱满、粒型整齐、无杂草种子、无病虫害。

（2）育苗技术。水稻播种前必须先进行晒种、盐水选种，然后用1%生石灰浸种，避免种子带菌。将育苗床的床面耕翻10cm以上，保证床土平整、细碎，床宽一般是1.8~2.2m。

育苗床的基肥一般是施用优质有机肥7.5~10kg/m² 培肥土壤，与苗床土混拌。当气温为5℃时开始进行播种育苗。

播种量因为播种方式的不同而不同，常规育苗的种子用量一般为1 759粒/m²。地膜打孔育苗为2 509粒/m²。营养钵育苗为709粒/盘。

（3）插秧工作。在水稻插秧前，一定要做好准备工作，首先提前对大田进行整地。大田最好提前灌水，促进杂草种子的萌

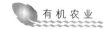

发生长，然后进行机械耙地，清除已经生长的杂草。大田整理完毕后，待气温稳定超过12℃时即可插秧。

水稻的田间种植要求密度合理，以确保秧苗的质量，插秧要求做到浅、直、匀、稳、足。

（4）秧田管理。水稻秧田管理的重点是调温控水。使秧苗缓慢健壮生长，要掌握秧苗生长的临界温度，稻根为12℃，稻叶为15℃，在此温度以下停止生长。

秧苗生长适温一般为22~25℃，是同化作用旺盛的温度。在适温范围内，以较低温度，特别是茎生长点处于较低的温度下，秧苗生长健壮，干物重高，充实度（干重/株高比）高。苗期温度过高，经常处在30℃左右，秧苗会发生徒长，秧苗细高，干重小，充实度低，根系发育不良。苗期温度过低，经常处在10℃以下，易发生白化苗和青枯病等。

水稻秧苗在0:00—7:00时生长发育最快，必须保证苗床温度（15~28℃）促进秧苗生长。注意昼夜温差，白天不宜过高，夜间要适当降低，利于秧苗缓慢健壮生长。旱育苗必须控制好水分，土壤水分少，旱生根系发达，地上部生长缓慢，育成具有旱生根系，茎基部宽、早期超重、株高标准、叶片不披垂的适龄壮秧。

3. 有机水稻的田间管理

（1）土壤施肥。可以通过秸秆还田技术对土壤进行培肥，就是在秋季进行机械收获时候将秸秆、稻草充分切碎，均匀撒在大田里，然后进行深翻，将秸秆、稻草与土壤混匀。并在旋耕前施入充分腐熟的农家肥作为基地。

（2）本田除草。对本田进行泡田可采取大水漫灌的方式，能够漂除土壤中的杂草种子。一般是在插秧前15d左右，将本田进行翻耕并大水淹没以灭除田间的老草，待到插种前2~3d再次对本田进行翻耕以灭除萌生的杂草。在水稻的生长过程中发现有萌生的杂草要及时进行人工拔除。

（3）水分管理。幼穗分化到抽穗前采取浅—湿—干间歇灌溉技术，抽穗后浅水湿润灌溉，促进根系生长。井灌区采取增温灌溉技术，避免井水直接进田。要割净田埂杂草，除净田间稗穗，既可防治病虫害，又可以保证阳光直射水面，提高水温。

同时，要适时早断水，促进成熟。一般黄熟期（抽穗30d后）即可停水，洼地早排，漏水地适当晚排。

（4）病害防治。水稻病害以恶苗病、稻瘟病、纹枯病以及稻曲病为常见病。可以通过培育壮秧、合理密植、科学调控肥水、适时搁田、控制高峰苗等方法来增强植株的抗性，从根本上控制病害的发生。

（5）虫害防治。为害水稻的常见害虫主要有稻象甲、稻蓟马、稻飞虱、螟虫。

农业防治。有机水稻的虫害防治首选的是农业防治，通过加强田间管理，增强水稻的抗性。

物理防治。是指在水稻栽培过程中使用频振式杀虫灯对趋光性害虫进行诱杀的害虫防治方法。

生物防治。选用经有机认证机构认可的生物农药和植物性农药控制田间害虫基数。利用现有的天敌控制害虫的种群数量。

二、有机玉米的种植

1. 有机玉米的环境选择

选择地势平坦，耕层深厚，肥力较高，保水保肥性能好，排灌方便的地块，前茬未使用长残效除草剂的大豆、小麦、马铃薯或玉米等肥沃的茬口。实施以深松为基础，松、翻、耙相结合的土壤耕作制，3年深松1次。耕翻深度20~23cm，做到整地标准化。

2. 有机玉米的种植过程

（1）土地准备。冬前土地应进行秋翻、冬灌或春灌。耕翻深度要达到25cm以上，要求耕深一致，翻垄均匀；秸秆还田和绿肥地要切茬，翻埋良好。结合耕翻，将全部有机肥料、氮肥的40%~50%及磷肥的70%~80%作基肥全层深施。随后进行耙磨整地，达到"齐、平、松、碎、净、墒"标准的待播状态。

（2）种子准备。

①选用优良杂交种。优良杂交种，具有良好的增产潜力，是玉米取得高产的基础。应结合各地的生态类型，选用适宜的良种。

②种子精选。按照精准播种种子的要求，使用达到国标（GB 4404.1—1996）二级良种标准以上的商品种子。纯度96%以上，净度99%以上，发芽率85%以上，水分含量不高于13%。种子色泽光亮，籽粒饱满，大小一致，无虫蛀、无破损，以满足精准播种的要求。

③种子处理。播种前根据当地病虫害发生规律选择适当的专用种衣剂包衣种子，或根据需要选用相关的杀虫剂、杀菌剂、微肥等对种子进行拌种处理，达到防治病虫害，促进生长的目的。

播种机具的调试。按照精准播种的要求调试好播种机具的传动、排种、追肥等部件。

（3）播种技术。

①确定适宜的播种期。适宜播种期的确定应参考以下3个方面：种子萌发的最低温度；播种时的土壤墒情；保证能够在生长

季节正常成熟（这对无霜期较短地区的玉米制种十分关键）。玉米发芽最低温度为6~7℃，10~12℃为幼芽缓慢生长的温度。因此，在土壤墒情允许的情况下（田间持水量大于60%），春玉米适宜播种期一般掌握在5~10cm地温稳定在10~12℃时播种，出苗较快而整齐，有利于苗期培育壮苗；播种过早，出苗时间延长，出苗不整齐，易烂芽。如果考虑土壤墒情及保证无霜期较短的地区玉米能够正常成熟，可在5~10cm地温稳定在10℃左右时适期早播。地膜覆盖玉米可提前至5~10cm地温8~10℃时播种。

②播种方式。根据收获机械来配置播种方式，目前玉米生产中主要有60cm等行距播种和60cm+40cm宽窄行2种播种方式。

③播种量。采用气吸式精量播种机播种，每亩下种8 000~10 000粒。玉米播种量因种子大小、种植密度、种植方式的不同而有所不同。

④播种深度。适宜的播种深度，是根据土质、土壤墒情和种子大小而定，一般以4~6cm为宜。如果土壤质地黏重，墒情较好，可适当浅些；土壤质地疏松，易于干燥的沙壤土地，可适当深些；大粒种子，可适当深些；但一般不要超过8cm。应当注意，在土壤墒情、肥力较好的土壤播种过浅，会在苗期产生大量的无效分蘖。

⑤播种质量要求。按精准播种技术要求，达到行距一致，接行准确，下粒准确均匀、深浅一致，覆土良好、镇压紧实，一播全苗。种子与种肥分别播下，严防种、肥混合。

（4）合理密植。

①根据品种株型确定密度。紧凑型、半紧凑型中晚熟玉米，如SC-704、郑单958、掖单22、农大108、新玉11号等，适宜的种植密度为5 000~6 000株；平展型中晚熟玉米种植密度为

4 000~4 500 株。同类型早熟品种每亩增加 500~1 000 株。

②根据土壤肥力、质地确定密度。土壤肥力高的地宜密植，土壤肥力低宜稀植；土壤质地轻、通透性好的土壤宜密，土壤质地黏重、透气透水差的黏土地宜稀。

③根据管理水平、水肥投入确定密度。管理水平高、水肥投入多的地宜密植；反之，管理水平较低，水肥投入达不到的地宜稀植。

3. 有机玉米的田间管理

（1）施肥。施用含有机质 8% 以上的农肥 30~40t/hm^2，结合整地撒施或条施夹肥。施用尿素 300kg/hm^2，其中尿素 35% 做底肥或种肥，另 65% 追肥。玉米 7~9 叶期或拔节前进行追肥，追肥部位离植株 10~15cm，深度 8~10cm。视玉米生长情况，后期可适当进行叶面追肥。

（2）查田补栽或移栽。出苗后如缺苗，要利用预备苗或田间多余苗进行坐水补栽或移栽。3~4 片叶时，要将弱苗、病苗、小苗去掉，1 次等距定苗。

（3）铲前深松、及时铲趟。出苗后进行铲前深松或铲前趟一犁。没有使用化学除草药剂的，头遍铲趟后，每隔 10~12d 铲趟 1 次，做到 3 铲 3 趟；使用除草剂的趟 2 次。

（4）灌水。在玉米拔节、抽雄吐丝期如遇干旱应及时灌水。

（5）其他管理。拔节期前后，及早掰除分蘖，去蘖时避免损伤主茎。8 月上中旬，割草 1~2 次；玉米蜡熟末期进行扒皮晾晒。

（6）虫害防治。黏虫和玉米螟的防治，可适时用白僵菌粉剂进行防治。

三、有机小麦的种植

1. 有机小麦的环境选择

有机小麦的产地环境条件应符合《农田灌溉水质标准》（GB 5084—2005）、《土壤环境质量标准》（GB 15618—2018）、《环境空气质量标准》（GB 3095—2012）要求。无霜期 95d 以上，年活动积温 1 900℃以上，年降水量 450mm 以上。土层较深厚，pH 值为 6. 5~7. 5。

2. 有机小麦的种植过程

（1）品种选择及种子处理。

品种选择：应选择经审定推广的，适应当地土壤和气候条件，抗病性和抗逆性强、优质高产的品种。同时要充分考虑保护作物的遗传多样性。禁止使用任何转基因品种。种子每年更新 1 次。

种子精选：种子经机械分级精选，利用 1、2 级种子，栽培面积较小的农户也可以进行人工筛选，剔出秕粒、病粒、杂质等，确保种子的质量。

种子质量：种子质量要达到种子分级 2 级标准以上，纯度不低于 99%，净度不低于 98%，发芽率不低于 90%，种子含水量不高于 13. 5%。

种子处理：药剂拌种应使用植物源性杀虫剂、矿物源性杀虫剂和微生物源杀虫剂。

（2）选茬、整地。

选茬：在合理轮作基础上，选用有机大豆等前茬作物，不能重茬。

整地：提倡用减耕、免耕，秸秆还田等措施，提高土壤肥力。在实施每 3 年 1 次，以深松为基础，松、翻、耙结合的土壤耕作制时，必须与秸秆还田结合起来。

翻地质量：伏秋翻地耕深为 18~22cm，耕深一致，误差不大于±1cm。翻垄整齐严密，不重耕，不漏耕。

耙茬深度：耙大豆茬要采用对角线法，不漏耙，不拖耙，耙深为 12~15cm，耙后地表平整，垄沟与垄台无明显差别，沿作业垂直方向在 4m 宽的地面上，高低差不大于 3cm。

耙地质量：耙地深度要根据翻地质量和土壤墒情确定，轻耙 8~10cm，重耙为 10~14cm。耙深误差±1cm，不漏耙、不拖耙。

镇压质量：除土壤含水量过大的地块外，应及时镇压，以防跑墒。

整地作业后，要达到上虚下实，地面平整，表土无大土块，耙层无大土块，每平方米大于 3cm 直径土块不超过 3 个。

（3）施肥。

有机肥：生产用肥料，应以本有机生产系统内资源循环利用为主，适当购进外部肥源。如使用经 1~6 个月充分腐熟的有机堆肥，人粪尿和畜禽粪便必须经过高温发酵无害化处理，如每公顷施用优质农肥 30t，结合翻地或耙地一次性施入，有条件的可施秋肥。

商品化有机肥、叶面肥、微生物肥料：在使用前必须明确已经得到有机食品认证部门认可和颁发证书。并严格按照使用说明书的要求操作。根据小麦生长和需肥情况补充。

种肥分箱播下，切勿种肥混拌。

（4）播种。

播期：在保证播种质量前提下，适期早播。

播法：可采用 7.5cm 单条、15cm 单条或 30cm 双条机械播种。

播深：播种镇压后 3cm 覆土即可。

密度：播种密度应根据品种、地势和茬口而定。一般优质麦每公顷保苗 500 万~600 万株。

播量：按每公顷保苗株数、千粒重、发芽率、清洁率和田间保苗率（90%~95%）计算播量。

播种质量：播种要做到不重播、不漏播，深浅一致，覆土严密，播后及时镇压。

3. 有机小麦的田间管理

（1）压青苗。小麦三叶期压青苗。用"V"形镇压器或石滚子压 1~2 次。采用顺垄压法，禁止高速作业。地硬、地湿、苗弱忌压。

（2）松土除草。

松土：宽行距播种地块，在分蘖期人工除草 1 次，活土通气，促进小麦根系发育。

除草：采用人工除草和中耕机械除草方法。

生育期灌水：有灌水条件的地块，做到 1 次灌足，如遇春旱，除灌足底墒水外，可于小麦 3 叶期至分蘖期灌水。

（3）病虫害防治。从整体生态系统考虑，运用综合防治措施，创造不利于病虫草孳生和有利于各种天敌繁衍的环境条件，保持生态系统平衡和生物的多样化，以减少病虫害的发生。做好病虫害预测预报，有针对性地采取各种预防措施，以物理和人工防治为主。

四、有机芹菜的种植

1. 有机芹菜的环境选择

芹菜生长要求阴凉湿润的环境，种子发芽适宜温度为 15~

20℃，耐弱光，在高温和强光中造成纤维素增加，品质差，低温长日照促使花芽分化，不易产生纤维素，使芹菜清香脆嫩。芹菜喜水，根系浅，吸水能力弱，要求土壤湿润，适合种植于富含有机质、保水保肥能力强的壤土、黏壤土中。

2. 有机芹菜的种植过程

（1）基地选择。有机食品基地环境的优化选择是有机食品生产质量控制的基础条件，良好的生态环境是有机食品生产的前提，因此，在选择基地的时候应该选择空气清新、水质纯净、生态环境优良；地形开阔、地势高亢、地下水位较低、土层肥厚、排水良好，旱能浇、涝能排，附近 5km 范围内没有厂矿企业等污染源的地方。

（2）栽培技术。

①品种选择。选用高产、优质、抗病性强、实心的当地农家芹菜品种。

②育苗。根据栽培季节和方式，选择适宜的育苗方法。每亩用种 80~100g。

种子处理：将种子放入 20~25℃水中浸种 16~24h。将浸好的种子搓洗干净，摊开稍加风干后，用湿布包好放在 15~20℃处催芽，每天用凉水冲洗 1 次，4~5d 后当地种子萌芽时即可播种。

苗床准备：露地育苗应选择地势高、排灌方便、保水保肥性好的地块，结合整地每亩施腐熟厩肥 8 000kg。精细整地，耙平做平畦，备好过筛细土，供播种时用。

播种期：根据各地气候不同适时播种。

播种方法：浇足底水，水渗后覆一层细土，将种子均匀撒播于床面，覆细土 0.5cm。

苗期管理：温度——保护地育苗，苗床内的适宜温度为 15~

20℃。遮阴——露地育苗，在炎热季节播种后要用遮阳网、苇帘等搭设遮阴棚，既可防晒降温，又可防止暴雨冲砸幼苗。待苗出齐后，逐渐拆去遮阴棚。

③间苗。当幼苗第1片真叶展开时进行第1次间苗，疏掉过密苗、病苗、弱苗，苗距3cm，结合间苗拔除田间杂草。

（3）定植。

①整地施肥。基肥品种以优质有机肥为主，在中等肥力条件下，结合整地每亩施优质腐熟厩肥8 000kg。

②定植。芹菜一般在9月下旬开始定植，密度一般掌握在22 000~37 000株/亩。定植方法：在畦内按行距要求开沟穴栽，每穴1株，培土以埋住短缩茎露出心叶为宜，边栽边封沟平畦，随即浇水。定植时如苗太高，可于15cm处剪掉上部叶柄。

③定植后管理。

（a）中耕。定植后至封垄前，中耕3~4次，中耕结合培土和清除田间杂草。缓苗后视生长情况蹲苗7~10d。

（b）水肥管理。浇水——浇水的原则是保持土壤湿润，生长旺盛期保证水分供给。定植1~2d后浇1次缓苗水。以后如气温过高，可浇小水降温，蹲苗期内停止浇水。追肥——株高25~30cm时，结合浇水每亩追施细的优质腐熟厩肥1 000kg。温湿度——缓苗期的适宜温度为18~22℃，生长期的适宜温度为12~18℃，生长后期温度保持在5℃以上。芹菜对土壤湿度和空气相对湿度要求高，但浇水后要及时防风排湿。

3. 有机芹菜的田间管理

（1）栽培季节。因西芹耐热耐寒性不及本芹，生育期又长，因此西芹最适宜于秋季栽培。于初夏遮阴播种，初秋定植，冬季收获。但选择不同品种，辅助以保护措施，可于翌年1月至6月上旬收获。

（2）播种育苗。西芹多采用育苗移栽，苗期还需分苗假植。西芹苗期多在高温干旱季节，因此，必须有遮阳降温，促进种子发芽和幼苗生长的设施与技术。苗床地最好利用大棚留天膜避暴雨，棚膜上又覆盖遮阳网，或直接用遮阳网，以降低床温和防暴雨袭击。播种前床土应充分整细。种子用井水浸种 12~24h，然后混细沙置于冰箱底层催芽，待有 50%~60% 种子发芽时播种，若没有冰箱也可吊在深井中水面上催芽。播种量 2~3g/m²，可育2 000~3 000 株苗，播后覆浅土，盖草浇水，出苗后即揭草。以后应以凉水进行小水勤浇，通常高温季节早晚各浇水 1 次，以降温、保湿。当苗有 2~3 片真叶时，进行分苗假植。假植苗距6cm，每亩大田需假植床 18m²。

五、有机黄瓜的种植

1. 有机黄瓜的环境选择

有机黄瓜喜温喜湿。适应的气温为 10~38℃，适宜的气温范围为 22~28℃；适应的地温为 10~38℃。

有机黄瓜对水分很敏感，要求空气相对湿度为 60%~90%；土壤必须潮湿，田间最大持水量达到 70%~80%。

有机黄瓜对光照的要求是光饱和点为 5.5×10^4 lx，光补偿点为 2 000lx。由于黄瓜为短日照作物，对日照的长短要求不严。在日照 8~11h 条件下有利于提早开花结实。

对营养条件的要求是由于黄瓜喜肥，氮、磷、钾肥必须配合施用。每生产 1 000kg 黄瓜，需氮 1.7kg、磷 0.99kg、钾 3.49kg，而且在结瓜期需肥量占总需肥量的 80% 以上。在光合作用进行过程中对二氧化碳很敏感。

对土壤条件的要求是适于疏松肥沃透气良好的沙壤土，土壤酸碱度以氢离子浓度 100~3 163nmol/L（pH 值为 5.5~7.0）为宜。

有机黄瓜露地栽培，必须在无霜期内进行。可长年栽培生产，每茬生长期为 100~150d，育苗期 30~65d 不等。一般春、夏茬在 3—4 月播种，5 月开始采收；秋茬 6—7 月直播，并应采取遮阳降温措施。黄瓜温室栽培，必须选用耐低温、耐高湿、抗病、早熟的优良品种。秋、冬茬一般在 10—11 月播种，12 月定植；冬、春茬一般在 12 月至翌年 1 月播种，2 月定植。黄瓜大棚栽培，早春茬一般在 12 月至翌年 1 月播种，苗龄 40~50d，3 月定植。秋棚黄瓜一般在 6—7 月播种，苗龄 30d 左右，多数采用直播方式。由于秋棚黄瓜育苗期正值高温季节，除选择适宜品种外，还要在苗期采取遮阳降温措施。

2. 有机黄瓜的种植过程

（1）土壤处理。黄瓜需水量大但又怕涝，应选干燥，排灌方便的肥沃沙壤土地块栽培为好。定植前深耕晒垄，捣碎田垄。土地精细整地前用新朝阳有机植保土壤调理剂改良土壤，能够有效疏松土壤，增加耕作层厚度，提高土壤保水蓄肥能力，提高移栽成活率，避免死棵，提高肥料利用率，减少土传病害的发生，促根壮苗，使植株快速进入开花结果期。

使用方法和剂量：每亩用 1 100g 颗粒混拌腐熟农家肥或商品有机肥后作为基肥施入土壤。

（2）营养土配制。选用前茬没种瓜类的菜园土与新朝阳有机植保免深耕型有机肥料按 7∶3 的比例拌和。再加入广谱高效低毒的杀菌剂（甲基硫菌灵、噁霉灵）混合均匀成药土，进行土壤消毒，堆制待用。

（3）品种选择。品种的选择是黄瓜高产、高效、优质的基础，选用抗病强的品种，可减少喷药 2~4 次，因此抗病品种的选择至关重要。

（4）种子处理。播种前用新朝阳有机植保天然芸苔素处理种子，能显著提高发芽率，使苗齐苗壮，减少立枯病和猝倒病的发生率。

使用方法和剂量：每 8mL 兑水 15kg 形成水溶液后进行浸种处理 3~4h 后，用清水冲洗阴干后播种。

（5）播种育苗。按照常规用育苗穴盘或营养钵装上准备好的营养土后进行播种、覆土、浇水操作后用拱膜覆盖。育苗期间需时刻关注拱膜内的温度和湿度，并在移栽前 3~5d 搞好炼苗工作，培育出株高 10~12cm，茎粗 0.5~0.6cm，4 叶 1 心，子叶平展，叶色深绿，无病虫害，苗龄 15d 左右的壮苗。

（6）肥料选择。基肥以有机肥为主，亩施腐熟农家肥 1 000~2 000kg（也可选择新朝阳有机植保免深耕型有机肥料），根据土壤的肥力状况，适当补充一定量的新朝阳免耕肥，施肥同时实现对土壤的改良。

（7）培育壮苗。根据栽培季节，培育壮苗。壮苗标准为子叶完好、叶浓绿、茎粗壮、根系发达，叶柄与茎夹角呈 45°，无病虫害。

（8）定植。

①温室消毒。彻底清除室内前茬残株、落叶等杂物，每亩用硫黄粉 2~3kg 拌上锯末，在室内均匀分堆点燃，密闭熏蒸 1 昼夜，降低病虫基数。

②定植方法。当苗龄 30~35d，株高 10~15cm，3~4 叶 1 心时即可定植。在已起好的垄的两面边上按照株距 25cm 进行双行

定植，密度为 4 000 株/亩。

3. 有机黄瓜的田间管理

（1）苗期。黄瓜定植后，及时浇定根水。定植后 1 周之内不用放风，定植 5d 后浇 1 次缓苗水，然后蹲苗。待根瓜坐住后，结束蹲苗，此时需用稀薄腐熟粪水进行提苗，并浇催瓜水。

（2）抽蔓期。抽蔓期及时搭架，搭架时绑第 1 次蔓（也可不搭架，直接用绳子吊蔓），以后每长 3 节绑 1 次蔓，并及早打去侧蔓，以利于主蔓生长。同时保持土壤湿润，切忌大水灌溉。

（3）结瓜期。结瓜期是需水量、需肥量最大的时期，也是病虫害发生的高峰期，要合理进行水肥管理和病虫害防治，以保证黄瓜的质量。结瓜期注意植株调整，及时打掉底叶。对于秋冬茬或冬春茬，主蔓长到顶部时应打尖促生回头瓜。

（4）收获期。收获期需及时分批采收，减轻植株负担，促进后期果实膨大，在盛果期每 2d 采收 1 次。

六、有机生菜的种植

1. 有机生菜的环境选择

（1）气候条件。生菜喜欢冷凉的气候，种子发芽的最低温度为 4℃，时间较长。发芽最适温度为 15~20℃，3~4d 发芽，30℃以上发芽受阻。所以夏季播种时，需进行低温处理，以促进种子内的酶活动及其他物质转化。结球生菜茎叶生长适温为 11~18℃，结球期的适温为 17~18℃。幼苗可耐-5℃低温。21℃以上不易形成叶球或因叶球内部温度过高，引起心叶坏死腐烂。气温30℃以上时，生长不良。不结球的生菜的温度适应范围较结球生菜广。

对日照反应的敏感性，早熟品种最敏感，中熟品种次之，晚熟品种反应迟钝。

（2）土壤条件。生菜适宜微酸性土壤，在有机质富饶的土壤中种植，保水、保肥力强、产量高，如在干旱缺水的土壤中种植，根系发育不全，生长不充实，菜味略苦，品质差。

（3）水分条件。生菜不同的生长期，对水分要求不同，幼苗期不能干燥不能太湿，太干苗子易老化，太湿了苗子易徒长。发棵期，要适当控制水分，结球期水分要充足，缺水叶小，味苦。结球后期水分不要过多，以免发生裂球，导致病害。

2. 有机生菜的种植过程

（1）栽培季节。根据生菜各生育期对温度的要求，利用保护设施栽培生菜，可以做到分期播种、周年生产供应。秋季栽培时要注意先期抽薹的问题，应选用耐热、耐抽薹的品种。

（2）品种选择。根据当地的气候条件、栽培季节、栽培方式及市场需求，选择适宜的优良品种。目前生产上利用的半结球生菜有意大利全年耐抽薹、抗寒奶油生菜等；散叶生菜有美国大速生、生菜王、玻璃生菜、紫叶生菜、香油麦菜等。

（3）培育壮苗。生菜种子小，发芽出苗要求良好的条件，因此多采用育苗移栽的种植方法。当旬平均气温高于10℃时，可在露地育苗，低于10℃时需要采用适当的保护措施。

①做苗床。苗床土力求细碎、平整，每平方米施入腐熟的农家肥10~20kg，天然磷肥0.025kg，撒匀，翻耕，整平畦面。播种前浇足底水，待水下渗后，在畦面上撒一薄层过筛细土，随即撒籽。育苗移栽25g种子可栽1亩大田。

②种子处理。将种子置放在4~6℃的冰箱冷藏室中处理1昼夜，再行播种。播种时将处理过的种子掺入少量细沙土，混匀，再均匀撒播，覆土0.5cm。

③苗期管理。苗期温度白天控制在 16 ~ 20℃，夜间 10℃ 左右。在 2 ~ 3 片真叶时分苗。分苗前苗床先浇 1 次水，分苗畦应与播种畦一样精细整地，施肥，整平。移植到分苗畦按苗距 6 ~ 8cm 栽植，分苗后随即浇水，并在分苗畦盖上覆盖物。缓苗后，适当控水，利于发根、苗壮。

（4）定植。小苗有 5 ~ 6 片真叶时即可定植。定植时要尽量保护幼苗根系缩短缓苗期，提高成活率。根据天气情况和栽培季节采取灵活的栽苗方法。露地栽培可采用挖穴栽苗后灌水的方法，冬春季保护地栽培，可采取水稳苗的方法，即先在畦内按行距开定植沟，按株距摆苗后浅覆土将苗稳住；在沟中灌水，然后覆土将土坨埋住。这样可避免全面灌水后降低地温给缓苗造成不利影响。

3. 有机生菜的田间管理

（1）水分管理。浇水缓苗后 5 ~ 7d 浇 1 次水。春季气温较低时，水量宜小，浇水间隔的日期长；生长盛期需水量多，要保持土壤湿润；叶球形成后，要控制浇水，防止水分不均造成裂球和烂心；保护地栽培开始结球时，浇水既要保证植株对水分的需要，又不能过量，田间湿度不宜过大，以防病害发生。

（2）肥料管理。

①肥料选择。有机生菜的肥料选择应满足下列条件。

充分利用动植物残体腐熟肥。如秸秆肥、饼肥、沼气肥、堆肥、动物排泄物，这些肥料必须未被污染并充分腐熟。

轮作能固氮的豆科作物及绿肥，将空气中的氮气转化为氮肥留存在土壤中供蔬菜生长利用。对蔬菜用根瘤菌拌种拌根。施用解磷、解钾菌分解利用土壤中难被作物利用的无效磷、钾及施用草木灰。满足作物对氮、磷、钾等的基本需求。

对需肥量较大的作物可以施用部分天然肥料。如钾矿粉、磷矿粉、氯化钙、有机专用肥。

禁止使用化肥和城市污水污泥、未经沼气池腐熟的人粪尿。人粪尿不得在根茎、叶菜类等直接食用的蔬菜上使用。

种菜与培肥地力同步进行。一般每亩施有机肥 3 000~4 000kg，追施有机专用肥 100kg，以施底肥为主。

②追肥。以底肥为主，结球初期，随水追 1 次氮肥促进叶片生长；15~20d 追第 2 次肥，每亩 15~20kg；心叶开始向内卷曲时，再追施 1 次混合肥，每亩 20kg 左右。

（3）病虫害防治。

①病害防治。生菜最常见的病是叶斑，主要有两种症状，一种是初呈水渍状，后逐渐扩大为圆形至不规则形、褐色至暗灰色病斑；另一种是深褐色病斑，边缘不规则，外围具水渍状晕圈。潮湿时斑面上生暗灰色霉状物，严重时病斑互相融合，致叶片变褐干枯。借气流及雨水溅射传播蔓延。通常多雨或雾大露重的天气有利发病，植株生长不良或偏施氮肥长势过旺，会加重发病。

防治方法。注意摘除病叶及病残体，携出田外烧毁；清沟排渍，避免偏施氮肥，适时喷施有机肥，使植株健壮生长，增强抵抗力。

②虫害防治。常见的虫害有桃蚜、指管蚜、豆天蛾等杂食性虫害。预防措施：选用抗病耐热品种，一般散叶型品种较结球品种抗病；夏、秋季种植采用遮阳网或棚膜上适当遮阴栽培技术。注意适期播种，出苗后小水勤浇，勿过分蹲苗；及时防治蚜虫，减少传毒，控制病害发展。发病初期可喷施叶面肥，增强植株抗病性。

七、有机葡萄的种植

1. 有机葡萄的环境选择

葡萄园区应地形开阔、阳光充足、通风良好、排灌水良好，应远离城区、工矿区、交通主干线、工业污染源、生活垃圾场等，其生态环境必须符合：土壤环境质量符合 GB 15618—2018 中的二级标准，pH 值以 6.5～7.5 为宜且土质较疏松；灌溉用水水质符合 GB 5084—2005 的规定，环境空气质量符合 GB 3095—1996 中二级标准和 GB 9137—1988 的规定。

2. 有机葡萄的种植过程

（1）规划。葡萄生产区域应边界清晰，并建立以田间道路、天敌栖息地、大棚或其他农业生产等为基础的缓冲带，同时尽可能避免有机生产、有机转换生产和非有机生产并存，如出现平行生产，则必须制订和实施平行生产、收获、储藏和运输的计划，具有独立和完整的记录体系，能明确区分有机产品与常规产品（或有机转换产品）。

（2）品种选择。在南方葡萄产区应选择抗病、抗逆性好且品质优良的早中熟欧美杂交种如巨峰、希姆劳特等。

（3）栽培方式。宜采取避雨栽培方式，架式可结合避雨栽培条件选用双十字"V"形架、飞"鸟"形小棚架或平棚架。在使用塑料薄膜时，只允许选择聚乙烯、聚丙烯或聚碳酸酯类产品，并且使用后应从土壤中及时清除，禁止焚烧，禁止使用聚氯类产品。

（4）植株管理。有机葡萄的植株管理同常规葡萄生产，如根据品种特性、架式特点、树龄、产量等确定母枝的剪留强度及更新方式，进行合理的冬季修剪；在葡萄生长季节，采用抹芽、定枝、新梢摘心、副梢处理等夏季修剪措施对树体进行整形控制，增强通风透光，以减轻病害发生。为提高果实品质，在果实成熟期前 20~30d，可以对葡萄进行环割，环割宽度一般在 3~5mm。

（5）花果管理。采用疏花、疏果、疏穗、疏粒等常规方式对葡萄果穗进行处理，以控制产量、提高果实的品质。进入盛果期的葡萄园，亩产一般控制在 1 250kg 以内。需要特别强调的是，禁止使用任何激素如赤霉素、氯吡苯脲（CPPU）等对果穗进行拉长或膨大处理。

3. 有机葡萄的田间管理

（1）土壤管理。

中耕与深翻：葡萄生长季节及时中耕松土，保持土壤疏松；每年果实采收后结合秋施基肥进行全园深翻，将栽植穴外的土壤全部深翻。

生草与覆草：有机葡萄园应提倡生草覆草技术，这样既有利于保墒和保持土壤肥力，减轻日灼、气灼等生理病害的发生，又体现了生物多样性，为天敌提供了良好的栖息地。有机葡萄园区进行生草时，一方面可以直接利用葡萄园区的草资源，对高秆杂草加强管理，使其不影响葡萄的生长，另一方面可以在 4 月前后，在葡萄行间种植不含转基因的白三叶草（应使用经过认证过的有机草种）。覆草时间一般在 7 月前后，将其刈割后覆盖在树根周围。

（2）施肥管理。

肥料要求：生产前期可购买认证过的有机肥；持续有机葡萄生产园区应制定土壤有机培肥计划，如在自身葡萄生产园区，结合园区生草——养殖业（养鸡、鸭、羊）等进行绿肥或堆肥。

绝对不能使用化学肥料、含有转基因的物质如转基因豆粕或经任何化学处理过的物质作为肥料，限制使用人粪尿，必须使用时，应当按照相关要求进行充分腐熟和无害化处理。

补充钾肥可用草木灰，补充磷肥可使用高细度、未经化学处理的磷矿粉。在施用磷矿粉时应与农家肥经充分混合堆制后使用。

施肥：在生长季节培肥的基础上，以施基肥为主，秋季施入，每亩施入 1 000~1 500kg 有机肥。双十字"V"形架、飞"鸟"形小棚架栽培采用沟施，在行间挖条状沟；平棚架栽培在树冠外围挖放射状沟或环状沟。

（3）水分管理。

补水时期：一是萌芽到开花期，当土壤湿度低于田间持水量的 65%~75%时；二是新梢生长期至果实膨大期，当土壤湿度低于田间持水量的 75%时；三是果实迅速膨大期，以及新梢成熟期，当土壤湿度低于田间持水量的 60%时；四是果实发育后期傍晚或清晨，土壤湿度低于田间持水量的 70%~80%，少量补水。

补水方法：以采用滴灌法为宜。水质在符合 GB 5084—2005 规定的基础上，应加强有机葡萄生产周边水质的监控，以免由于水质受污染而影响有机葡萄生产。

排水时期和方法：进入雨期，土壤湿度超过田间持水量的 85%时，通过畦沟、排水沟、出水沟进行排水，达到雨停畦沟内不积水，大暴雨不受淹。

（4）病虫害防治。有机葡萄生产中不能使用任何的化学肥料、杀菌剂、杀虫剂、除草剂和类似的非天然制品，而是要选用生物菌剂、微生物农药等。

针对葡萄病虫害的主要发生种类，提出综合防治措施，包括做好植物检疫，采取农业防治、生物防治、物理防治和药剂防治等。根本在于通过物理与机械防治以及合理的农业防治，并配合使用有机农药，在一定程度上有效控制病虫害的发生发展，确保葡萄的有机生产。

八、有机柑橘的种植

1. 有机柑橘的环境选择

选择透气和排灌水良好，富含有机质的壤土，pH 值在 6.5~7.5 为宜，园地的土壤环境质量应符合 GB 15618—2018 中的二级标准，灌溉水质符合 GB 5084—2005 的规定，环境空气质量符合 GB 3095—1996 中的二级标准和 GB 9137—1988 的规定，有机柑橘的生产必须选择与进行非有机生产园区具有清楚明确的界限和缓冲带进行隔离的地块，以防止禁用物质污染。

2. 有机柑橘的种植过程

（1）良种选择。根据市场需求，选择商品率高，果品品质极佳的晚熟品种岩溪晚芦、沃柑为主栽品种。

（2）定植。选用脱毒壮苗定植。

定植时间：柑橘定植可在 7—10 月进行覆膜定植。

定植规格：结合种植品种、砧木种类等，土壤肥力、施肥水平、栽培技术等进行综合考虑，采用 1.5m×2.0m、2m×2m 两种规格。

定植方式：采用开挖定植沟或定植塘，深、宽 0.8~1.0m，每塘或每米沟回填时施 30~50kg 有机肥。植前对苗木解膜、修剪，植进要求深浅适宜，根系舒展，植后灌水。

3. 有机柑橘的田间管理

（1）施肥管理。有机柑橘生产要求生产者不能使用任何化肥或化学复合肥，而必须通过间作、覆盖及施用有机肥来增加或维护作物养分，提高土壤肥力，减少侵蚀，增加土壤有机质含量和生物活性。但必须保证柑橘作物、土壤或水不被植物营养物质、致病病原体、重金属、污水污泥等禁用物质的残留所污染。如果上述措施不能满足柑橘生长的营养需求，或不足以保持土壤肥力，则生产者可以施入符合要求的肥料和土壤改良调节剂，有机或溶解性高的矿物质。

①肥料种类。有机肥指通过无公害化处理的堆肥、沤肥、厩肥、沼气肥、绿肥、饼肥及有机柑橘专用肥。但有机肥料的污染物质含量应符合砷≤30mg/kg、铅≤60mg/kg、汞≤5mg/kg、铜≤250mg/kg、镉≤3mg/kg、六六六≤0.2mg/kg、铬≤70mg/kg、DDT≤0.2mg/kg等的规定，并经有机认证机构的认证。

矿物源肥料、微量元素肥料和微生物肥料只能作为培肥土壤的辅助材料，微量元素在确认柑橘树有潜在缺素危险时作叶面肥喷施。微生物肥料应是非基因工程产物，并符合 NY 227—1994《微生物肥料》行业标准的要求，禁止使用化学肥料和含有毒、有害物质的城市垃圾污泥和其他物质等。

②施用方法。环状沟施肥方法是指在树冠滴水线下偏外挖环状沟，将肥料均匀撒播于沟内，再回填土将肥料覆盖，以提高肥料利用率。

③施肥时间与用量。在柑橘生长季节的2月底至3月初，5月上旬、6月下旬至7月上旬浇施腐熟后的有机液肥20kg/株或柑橘专用有机肥2.5～5.0kg/株，9月中下旬施入腐熟的农家肥25～50kg/株。

（2）土壤管理。

①定期监测土壤肥力水平和重金属元素含量，一般要求每2

年检测 1 次。根据检测结果，有针对性地采取土壤改良措施。

②采用地面覆盖等措施提高柑橘园的保土蓄水能力。将未结籽的杂草和作物秸秆作为覆盖物，外来覆盖材料应未受有害或有毒物质的污染。

③采取合理耕作、多施有机肥等方法改良土壤结构。耕作时应考虑当地降水条件，防止水土流失。

④提倡放养和使用有益微生物等生物措施改善土壤的理化和生物性状，但微生物不能是基因工程产品。

⑤pH 值低于 5.5 的柑橘园可用白云石粉等矿物质调节土壤 pH 值，而 pH 值高于 7.5 的柑橘园可使用硫黄粉调节土壤 pH 值至 5.5~7.5。

⑥行间的间作物或种植的绿肥植物，要求一年生树龄行间间作物距柑橘树 1m 以上，二年生园区 1.5m 以上，三年生园区 2m 以上。间作物种类包括豆科类的胡豆、大豆、花生和用作绿肥或饲料的牧草。间作物必须按照有机农业的管理办法进行管理。

（3）病虫草害防治。遵循防重于治的原则，从整个柑橘园区生态系统出发，以农业防治为基础，综合运用物理防治和生物防治措施，创造不利于病虫草害发生但有利于各类天敌繁衍的环境条件，增进生物多样性，保持柑橘园区内生物平衡，减少各类病虫草害所造成的损失。

第五章　有机养殖生产

第一节　动物育种

一、畜禽品种要求

有机畜牧生产中应当引入有机畜禽，但是在没有有机畜禽品种时，允许引入常规畜禽，但必须符合以下条件：肉牛、马属动物、驼已断奶但不超过 6 月龄；猪、羊不超过 6 周龄且已断奶；乳用牛出生不超过 4 周龄，吸吮过初乳且主要以全乳喂养的犊牛；肉用仔鸡不超过 3 日龄（其他类可放宽到 2 周龄）；蛋鸡不超过 18 周龄。在引入常规畜禽品种时，每年引入的数量不能超过同种成年有机畜禽总量的 10%，但有以下情况之一时可以将数量放宽到 40%：不可预见的严重自然灾害或人为事故；养殖规模大幅度扩大；养殖场养殖新的畜禽品种。

所有引入的畜禽都不能受到转基因生物及其产品的污染，包括涉及基因工程的育种材料疫苗、兽药饲料和饲料添加剂等。引入常规种公畜后，应立即按照有机方式饲养，且所有引入的常规畜禽必须经过相应的转换期。

二、本地和世界品种

畜禽遗传资源是生物多样性的重要组成部分，是长期进化形成的宝贵资源，是实现畜牧业可持续发展的基础，也是有机畜牧业发展的基本保障。各国累计品种资源数其数量的排序则是黄牛、绵羊、鸡、猪、马和山羊，都超过 1 000 个的累计数，这与该畜禽品种资源与分布国家或地区广有关，同时也反映人们对这些畜禽类型在各国不同的生态条件所采取不同的选育方法而培育的地方品种或引进的优良品或配套系。中国是世界上畜禽遗传资源最丰富的国家之一，有畜禽品种、类群 576 个，约占世界畜禽资源总量的 1/6，其中地方品种占 75% 以上，我国的地方畜禽品种不仅种类多，而且具有优异的种质特性，具有繁殖力高、抗逆性强、耐粗饲等特点。这是由于中国多样化的地理、生态、气候条件，众多的民族及不同的生活习惯，加之长期以来经过广大劳动者的驯养和精心选育形成的。

三、畜禽育种的基本原则

有机畜禽生产的育种目标主要考虑以下方面。

1. 抗病能力

选择的有机畜禽品种除了应有较快的生长速度外，还应考虑其对疾病的抗御能力，尽量选择适应当地自然环境，抗逆性强，并且在当地可获得足够生产原料的优良畜禽品种。

有机养殖应该首先考虑选择本地区的畜禽种类和品种，一般来说，地方品种都是长期人工选择和自然选择的结果，适应性好、抵抗力强、耐粗饲、繁殖率高。优良品种多是单纯人工选择的结果，生长快、饲料报酬率高，饲料和饲养条件要求高。选择有机养殖的畜禽品种时，要综合考虑当地的土壤和气候、饲养条件和管理水平、饲料生产基地面积和饲料供应能力等，选择适合的种类和品种。

2. 遗传多样性

有机畜禽养殖提倡基因多样性，追求基因简化会导致许多其他品种的消失。遗传多样性是蕴藏在动物、植物和微生物基因中生物遗传信息的复杂多样。畜禽是生物圈的一部分，当然也是生物多样性的组成部分。由于世界人口剧增，对肉、蛋和奶等动物产品的需求量相应增加，促进了动物生产的快速发展，选育出了高产的专用品种和专门化品系，从而使原有的地方品种逐渐被高产的少数品种所代替，造成品种单一化的后果，例如，全世界范围的奶牛已经发展为或改良为荷斯坦牛的类型。英国养猪业大量使用优势品种大白猪和长白猪，导致许多其他猪种灭绝或数量锐减。有机农业强调保护畜禽地方品种，维持生物多样性。

3. 禁止纯种繁育，提倡杂交育种

纯种繁育是指在品种内进行繁殖和选育，而杂交育种就是用2个或2个以上的品种进行各种形式的杂交，使彼此的优点结合在一起，从而创造新品种的杂交方法。通过杂交，能使基因和性状实现重新组合，原来不在同一个群体中的基因集中到同一个群体中来。也使分别在不同种群个体上的优良性状集中到同一种群个体上来。从而可以改良性状和改造性能。杂交育种的优点主要在于：可培育适应性强、生产力高的品种；可培育抗病、抗逆性品种；培育耐粗饲、饲料利用率高的品种；可培育能提供新产品的品种。

四、繁殖方法

繁殖是生命活动的本能，是生物物种延续最基本的活动之一。动物繁殖是动物生产的关键环节，动物数量的增加和质量的提高都必须通过繁殖才能实现，在畜牧生产中，通过提高公畜和母畜繁殖效率，可以减少繁殖家畜饲养量，进而降低生产成本和饲料、饲草资源占用量。传统繁殖技术主要包括繁殖调控、人工授精（AI）、胚胎移植（ET）、体外受精、性别控制、转基因和动物克隆等技术，这些技术是提高动物繁殖效率、加快育种速度的基本手段，但是有些方法对动物造成了痛苦和伤害。在有机畜牧业中必须要给畜禽创造舒适的环境，让它们能够按照自然的习性与行为自由地生活。因此，畜禽繁殖方法也应是自然的。

在有机生产当中，不适当的管理会影响家畜的繁殖力，其因素包括饲养密度、营养、公母畜比例等。提倡保持动物本性，进行自然交配和分娩，也可以采用不对畜禽的遗传多样性产生严重限制的各种繁殖方法。人工授精（AI）对动物的繁殖力有重要的损害，在自然种群中意味着基因多样性的减少。因此，在有机养殖中受到一定的限制，在人工养殖条件下，有机奶牛农场允许使用人工授精技术，但是禁止使用胚胎移植、克隆和发情激素处理等技术进行繁殖。不允许使用基因工程品种或动物类型。

另外，在幼畜出生以后，饲喂初乳是幼畜的基本福利，通过初乳提高免疫力以预防疾病。禁止早期断乳，提倡自然断奶，鼓励小猪逐渐吃团体饲料。自然断奶的时间各不相同。各种动物哺乳期至少需要：猪、羊6周；牛、马3个月。

第二节　动物饲养

一、有机家畜饲养的基本原则

国际有机农业运动联合会（IFOAM）表明维护生物多样性，为家畜提供自由和表达自然行为，并促进建立一个均衡的作物和家畜生产体系，在有机养殖业中建立封闭和可持续养分循环。而且，发展有机畜牧业可防止环境污染，而环境污染的防治可以为畜牧业生产建立良好的生态环境，并可获得资源和生态平衡以及人与自然的和谐。发展有机畜牧业的最终目标是保持动物健康和更加重视动物福利，更注意畜产品从畜牧场到餐桌的全程质量控制。为了达到这些目标，有机畜牧业生产系统中动物饲养的基本原则有以下3点。

1. 家畜饲养系统必须提供保持畜禽健康、行为自然的生活条件，满足动物的最高福利标准

有机生产者必须创建能保持畜禽健康、行为自然的生活条件，满足动物最高福利。动物福利就是让动物在康乐的状态下生存，也就是为了使动物能够健康、快乐、舒适而采取的一系列的行为和给动物提供的相应的外部条件。动物福利是认为动物和人类一样有情感需求，要求不能给动物造成不必要的痛苦。有机畜禽饲养除了保证家畜良好的健康、合理的饲养和良好的房舍环境外，还要考虑动物的生理和心理感受状态，包括无疾病，无行为异常，无心理的紧张、压抑和痛苦等。在最大限度地发挥动物作用，更好地为人类服务同时，应当重视动物福利，改善动物的康乐程度，使动物尽可能免除不必要的痛苦。

2. 饲喂方式必须适合动物的生理学特性，饲料应是有机的且大部分来自本农场

饲喂方式应该适合动物的生理特性。饲料应是完全由有机方式生产和加工的，在保证饲养的动物能充分发挥潜力及消化能力的前提下，要尽可能减少外来添加物质和精饲料，过度喂饲精料对反刍动物有不良的影响。农场中反刍动物所需的大部分（草）饲料应在本农场内生产。

3. 疾病控制必须避免使用永久性常规预防药物，应建立和维持预防畜禽疾病、保证畜禽健康的措施

在现代畜牧生产中，动物总是依赖日常用药如驱虫剂、抗生素、疫苗、微量元素、促生长素等，这些物质来帮助维持自身的健康，在有机养殖过程中，应避免日常性和预防性常规药物的使用，应通过有效的预防措施、良好的环境和生活条件、合理的营养和科学的饲养管理系统来保证畜禽健康。

二、家畜有机饲养的技术要求

必须为动物提供足够的自由空间和适宜的阳光，以确保适当的活动和休息，并保护动物免受暴晒和雨淋。

饲料。饲料必须百分之百是有机的。

粪肥的管理。粪便储存和处置的设施必须防止土壤、地下水和地表水的污染。此外，肥料必须是循环利用的。

家畜健康。为动物提供舒适的畜舍，适当的营养，足够的水源，新鲜的空气和洁净的生活环境。

繁殖。使用自然繁殖的方法，并禁止胚胎移植。

运输。在整个运输过程中要善待畜禽。如运输车厢要清洁和宽阔。在装卸、运输过程中禁用镇静剂和兴奋剂。

屠宰。屠宰应尽量减少动物的痛苦。

跟踪审查。养殖过程中所有投入物都必须保持跟踪审查记录，以使能追查到所有的饲料、添加补充物质的来源和数量、用药情况、繁殖方式、运输、屠宰和销售。

三、家畜有机饲养的基本方法

1. 保持家畜健康状况的有机生产方法

维持禽畜生命力的有机生产基本策略与作物生产相同，就是

要在自然界找出并优化维持健康的那些要素和条件。原则上，必须提供3个因素：最佳营养、低应激生活条件、合理的生物安全水平。使这3个要素在实践有机生产中，尤其是在混合生产和放牧为基础的生产中得到体现，有许多重要的方法，包括以下内容。

（1）提供均衡的营养。这反映在有机生产标准对有机饲料的要求中。正如有机倡导者认为，有机食品更有益于人类健康，他们同样主张有机饲料更有益于动物健康。在混合作物和家畜生产中，轮作丰富了饲料的多样化。同样，在有机放牧家畜生产中，合成氮减少了，豆科牧草就增多，矿物质丰富的禾草增多；这些都有助于家畜采食的多样性。需要说明的是人工饲料如合成尿素在有机生产中是明确禁止的，因为这些不利于动物健康。

（2）限制接触毒素。限制毒素是有机饲料的另一要求。农药残留及其细分产品对畜禽健康尤其对肝脏、肾脏及其他负责排毒的器官会产生额外的应激。

（3）禁用性能增强剂。在有机生产中是不容许使用合成激素和抗生素。这种投入助长了畜牧业向非自然性能水平的发展，并掩饰了非健康生产的效果。

（4）避免过分胁迫式管理。所有形式的胁迫都会增加损伤和疾病的易感性。好的有机经营者尽可能地减小对动物产生应激的处理。这也适用于动物本身身体的改变，如去势、打耳号、断喙、烙印等。

（5）预防性管理。良好的有机家畜管理也包括使用预防性管理标准，其中包括卫生，接种疫苗，益生菌的饲喂，病畜和新购进动物的隔离，以及其他生物安全预防措施，以防止病虫害和疾病感染有机家畜。经营者的有机体系方案应该能反映出全面健康的管理计划，利用其中的原则和措施作为基础。还必须说明用哪些方法、步骤和原料来处理病畜。最后，有一方面在有机动物健康中很少讨论，即在特定的气候条件和环境下，家畜种类和品种与它在有机生产中的适应性之间的关系。

（6）有机饲料。所有经过认证的有机家畜必须饲喂百分之百的有机饲料。在理想条件下，大多数饲料在农场生产。混合（即综合作物和家畜）生产和放牧体系，在接近自然环境条件下，放牧家畜生产独特的优势在于允许动物采食饲料。放牧生产也减少了矿物燃料能源的使用和收割、饲喂、散施粪便过程所产生的污染。

有机标准中允许当有机饲料短缺时，可饲喂常规饲料。但每种动物的常规饲料消费量在全年消费量中所占比例不得超过以下百分比：草食动物（以干物质计）为 10%；非草食动物（以干物质计）为 15%。畜禽日粮中常规饲料的比例不得超过总量的 25%（以干物质计）。出现不可预见的严重自然灾害或人为事故时，可在一定时间期限内饲喂超过以上比例的常规饲料。饲喂常规饲料应事先获得认证机构的许可。

初生幼畜在初乳期必须由母畜喂养并能以自然方式吸吮母乳。禁止过早（仔猪在 4 周内，犊牛在 3 个月内，羔羊在 6 周内）断奶或用奶替代品喂养幼畜。不允许在饲料中添加或以任何其他的方式给农场动物饲喂合成的生长促进剂、开胃剂、防腐剂、人工色素、尿素、用于反刍动物的农场动物的副产品（如屠宰场的废弃物）、各种粪便或其他肥料、接触过溶剂的饲料、添加其他化学试剂的饲料、纯氨基酸、基因工程生物及其产品。

（7）家畜的生活条件、设施和管理。按照有机标准，有机畜禽生产者必须建立和维持适合动物健康和自然行为的生活条件。这个要求反映了动物福利和可持续发展及环境质量的关系。满足这些要求所使用的手段似乎很灵活，并采纳了广泛的生产理念。而调整可能要适应生产阶段、气候条件、环境。标准规定所有家畜要获得：户外区域、荫棚、畜舍、运动空间、新鲜空气和直接接触阳光。畜舍设计必须让动物：有机会运动；免遭极端的温度；适当的通风；舒适行为；天然修饰及保养；低危险环境以防止伤害。草垫适合畜种，如果是常用的消耗品必须是有机的，所有家畜的舍饲只允许临时性使用。允许有机家畜临时性舍饲的环境是：恶劣天气；动物特殊的健康和安全需要；有风险的土壤或水质；动物的生产阶段。

2. 粪肥管理与环境影响

有机农业包括有机畜禽养殖业的起源就在于保护环境，促进可持续发展，从而更好地为人类健康服务。目前，畜禽养殖废弃污染物对环境的污染日趋严重，已引起人们的高度重视。畜禽养殖业由过去的分散经营逐渐转向规模化、集约化生产，而且随着兽药、饲料添加剂等化学合成试剂的大量使用，畜禽养殖废弃污染物对环境的污染日趋加剧。有机畜禽生产与常规畜禽生产的一大区别也在于充分考虑各种因素对环境的影响，保证畜禽饲养对环境不造成或造成尽可能小的影响，从而达到保护环境的效果。

畜禽生产对环境造成的污染主要包括以下方面：畜禽粪便污染、水资源污染、空气污染、土壤污染以及药物残留潜在污染。有机畜禽养殖针对上述问题都有良好的处理方式，首先有机养殖倡导的种养平衡，将畜禽粪便经过无害化处理作为有机肥用于种植业，还有一些条件好的企业可采取以"中心畜牧场+粪便处理生态系统+废水净化生态系统"的人工生态畜牧场模式，利用粪便处理生态系统产生沼气，并对产生沼气过程中的产物直接或间接利用。利用废水净化处理生态系统将畜牧场的废水和尿水集中控制起来，进行土地外流灌溉净化，使废水变为清水循环利用，从而达到畜牧场的最大产出，又保持了环境污染无公害处于生态平衡中，这样就解决了粪便污染、水资源污染和土壤污染的问题。其次，有机养殖要求杜绝使用化学合成的添加剂以及兽药等产品，也基本解决了药物残留的污染。再次，有机养殖对动物福利高度重视，更好地营造了卫生舒适的饲养环境，从而也减少了对空气的污染。

除了减少对环境的污染之外，有机养殖还要求对生态的保护。标准提出了不可过度放牧、保证畜禽数量合理等要求。内蒙古、青海等地区近年来草地退化愈演愈烈，跟草地过度放牧有很大关系。欧盟标准中特别规定每公顷土地上的动物粪便的含氮量不得超过170kg，以此来限制放牧场地上的载畜量。在进行有机检查时，要根据养殖的品种、数量以及放牧草场的面积，借鉴欧盟标准的规定计算相应的载畜量，以保证经济效益与生态平衡相协调。同时，应当要求生产企业出示当地环保部门出具的相关合格证明，证明该养殖企业污染物的排放符合《畜禽养殖业污染物排放标准》（GB 18596—2001）。

3. 转换期

对于非草食动物如猪、家禽等动物活动所需的牧场和草场的转换期可缩至12个月，即按照有机标准要求管理满12个月就可通过有机认证。如果有充分的证据表明这些区域12个月以上的时间未使用过禁用物质，则转换期可缩短至6个月。这里的证据指土地使用历史的证明和记录等，这些证据必须真实、有效且经得起追踪，而且要经过检查员的现场核实，并通过认证机构的评估审核。

4. 动物来源

畜禽的引入主要是针对刚开始从事有机畜禽养殖、大规模扩大或增加新的养殖品种的企业。标准对于畜禽的引入还是留有余地，允许在无法获得有机幼畜的情况下，引入符合标准要求的日龄、周龄或月龄的常规幼畜。但引入后的畜禽仍要经过相应的转换期。

这里要区分转换期和引入时间两个概念，转换期是指常规畜禽养殖向有机畜禽养殖转换所需要的时间，而引入时间是指对引入的常规畜禽的日龄、周龄和月龄的要求。

来源于传统养殖的家禽允许用于生产有机肉蛋，但必须是孵化后第二天，就要进行有机饲养，也就是说"一日龄仔鸡"。在传统方式下饲养的成年鸡只允许用作产受精蛋的种禽。

来源于传统饲养的产奶动物，它的奶和奶产品可以作为有机产品出售、标识和使用。但要在此一年前就要进行持续有机管理。如果是一个完全的、独特的奶牛群要转换为有机管理群，在转换的前 9 个月允许饲喂 20% 的转换料，其后饲喂 100% 的有机饲料。奶牛在妊娠的后 3 个月，有机饲料没有达到 100%，其后代不能作为有机肉用型家畜进行销售。根据标准，一旦完全转换为有机生产群，所有的产奶畜群从妊娠的后 3 个月起，必须进行有机化管理。对于后备母牛问题的解决，有机生产标准委员会推荐一种保守的解释，他们推荐的规定为"对现有的有机畜牧场全部更换或扩群，产奶动物从妊娠的最后 3 个月起，进行连续的有机管理"。如果这种保守的解释是被迫的，很明显暗示了提高产奶动物转群的条件。

在任何时候，幼畜不得接受抗生素或其他任何违禁药品的治疗。除了在紧急情况外，不允许使用传统的代乳料。有机生产者

也不得将有机母犊牛、母羔羊或母山羊羔出售或"逐出农场"，将其转入传统饲养群中，以期将来再重新转入有机群中。

第三节　有机畜禽疾病防控技术

一、有机畜禽疾病预防原则

有机畜禽疾病预防应依据以下原则进行：根据地区特点选择适应性强、抗性强的品种；根据畜禽需要，采用轮牧、提供优质饲料及合适的运动等饲养管理方法，增强畜禽的非特异性免疫力；确定合理的畜禽饲养密度，防止畜禽密度过大导致的健康问题。

很多生产者对有机养殖疾病"防重于治"的原则没有给予足够的重视。从有机理念的角度出发，以有机饲养的方式就是要使动物增强自身免疫力以获得对疾病的最大抗性。有机生产关于病害防治的原则都是一样的，强调预防为主、治疗为辅，基本策略是采取综合性预防措施控制动物疾病发生，保障动物健康。牧场应采取各方面措施如提供优质饲料、良好饲养环境和条件、合理的运动和放牧以及完备的疫病预防措施，以促进畜禽的抗病能力。

在有机养殖方面，动物健康和动物福利紧密相关，欧洲有关于有机牧场中动物健康和动物福利的相关研究，研究表明有机牧场中的动物健康状况要好于常规生产，这就说明有机养殖场注重动物福利，为动物提供良好的生长条件，可增强动物的健康情况，因此，可在很大程度上避免动物的疾病和疫情。

二、有机畜禽疾病的治疗方法

当畜禽患病或受伤的情况下，如何采取治疗措施？有机养殖强调自然疗法，要求首先使用中草药、蒙药、藏药等植物源物质或针灸、顺势治疗等方法。相比抗生素等常规兽药，中草药具有自然多功能性、复方优势、抗药性小、简便价廉等优势，此外，中草药作为抗生素替代品，其研究和开发领域更是发展的一个趋势。

所谓自然疗法，即运用各种自然的手段来预防和治疗疾病。具体而言，畜禽疾病的自然疗法是应用与畜禽生活有直接关系的物质与方法，如食物、空气、水、阳光、运动、休息以及有益于畜禽健康的其他因素等来保持和恢复畜禽健康的一种科学方法。

自然疗法是以机体健康为核心，强调维持机体健康和预防疾病。指导思想是深信机体的自愈能力，在其医疗过程中尽量避免使用任何削弱机体自愈能力的医疗手段，不能忽视机体的自愈能力，更不能用各种疗法取而代之。因此自然疗法的指导原则是：恢复患病畜禽自然健康的生活方式，增强机体的自愈能力，应用自然和无毒的疗法。

应用于畜禽的自然疗法有植物药疗法、顺势疗法与酸疗法等。植物药疗法是应用植物作为药物防病治病，它也可以称为草药疗法。植物药疗法日趋受到人们的重视。在使用植物药疗法治病时，不仅依据该植物在传统医学中的药性，而且还要掌握它的现代药理学作用及其作用机理。这样使得该疗法更加科学化、现代化。许多自然疗法所使用的已不是未加工的植物原生药材，而是使用的从植物中提取出来的有效成分。顺势疗法是使用可以诱发健康畜禽机体产生某种疾病的药物来治疗患有该疾病的畜禽。这一疗法的基本原则是大剂量的药物可以诱发疾病，但该药物在小剂量时，却可治疗该疾病。顺势疗法所使用的药物可以是植物药、矿物药和化学品。酸疗法是使用特定的有机酸以改善身体内部酸的运用，使器官运转更有效率，并在畜禽四周创造一个微酸性的环境使病原菌的存活率降低。

现代疫苗的研制、开发与应用极大地降低了动物传染病发病率，对保障畜牧业生产发展发挥了重要作用。有机养殖业并不拒绝接种疫苗，有机标准中规定可以使用疫苗预防接种，但同时强调不得使用转基因疫苗，除非为国家强制接种的疫苗。

在有机养殖生产中，要优先考虑使用中草药等中医的方法来对患病畜禽进行治疗，但在实际生产中，很多畜禽疾病采用上述方法难以控制和治愈，为减少动物本身的痛苦并且降低经济损失，标准中规定可以在兽医指导下使用常规兽药，但要经过2倍停药期后才能作为有机产品出售。但前提是只有在采用多种预防措施都无效的情况下，才允许使用常规兽药，并不是要生产者利用此项规定来毫无顾忌地使用药物治疗。值得关注的是禁止使用抗生素和常规的化学合成的兽药进行预防性治疗，也就是说在畜禽没有患病的情况下，不得给畜禽饲喂此类药物。在常规养殖生产中，为预防畜禽患病，生产者往往将一些常规兽药混到饲料中饲喂给动物，以起到预防疾病的作用。这一点是有机与常规养殖重要的区别之一。

抗生素一直以来都是我国养殖业面临的难题之一，由于在近些年的常规养殖过程中大量使用各种抗生素，由此产生了很多关于抗生素、激素等药物残留的食品安全重大事故，此外，这也是导致我国畜禽产品出口受到限制的主要原因之一。如前些年我国向日本出口肉鸡，因克球粉残留超标相继被退回；向德国出口蜂蜜，曾由于杀虫脒超标被退回；内地运往香港的生猪，也曾由于用了法律禁用的"瘦肉精"，造成了内脏和肌肉里的残留超标等。因此，尽管标准允许在一定条件下使用常规兽药，生产者在实际生产中对抗生素的使用也要慎重。

　　为刺激畜禽生长或提高畜禽产品中一些营养性指标而使用抗生素、化学合成药物以及生长促进剂在有机养殖生产中是严格禁止的。比如，"瘦肉精"就是一种用于提高猪瘦肉生长的一种药物促进剂，学名为"盐酸克伦特罗"，饲料中添加此类物质可以提高瘦肉率并使肉色红润，但其残留性很强，可引起人类中毒，因此，国家已明令禁止使用，在有机生产中更是不能使用。使用激素来控制畜禽生殖行为是现代畜禽生产技术的进步，在很大程度上可以提高经济效益。如同期发情，就是利用某些激素制剂人为地控制并调整一群母畜发情周期的进程，使之在预定时间内集中发情，这样有利于人工授精、便于生产者组织生产，同时也可以提高繁殖率。但这些科技手段违背了动物的自然繁殖规律，也违背了有机生产的理念，因此不得使用。但如果动物患了疾病，可以在兽医的监督指导下使用激素进行治疗。

　　标准明确地规定了养殖期不足 12 个月的畜禽只可接受一个疗程的抗生素或化学合成的兽药治疗，也就是说生长期短的畜禽要尽量减少接受常规兽药的治疗，比如肉用家禽，其生长期短，因此就不能接受 2 次常规兽药的治疗，否则就不能作为有机产品进行销售。而对于养殖期较长的畜禽来说，例如，奶牛或肉牛，每 12 个月也不得接受超过 3 次常规兽药的治疗，否则其产品也不能作为有机产品出售。从此条标准不难看出，尽管标准允许在特殊情况下使用常规兽药，但仍是有严格的限制条件的，目的就在于尽量减少或免于使用此类物质，从而保证有机生产的完整性。

三、寄生虫的管理与防治

　　防止寄生虫的第一道防线是保持最佳营养。在家畜生长阶段提供足量的优质有机饲料，为家畜生长提供了最好的时机。尤其是在内部寄生虫滋生之前。

第二道防线是生物多样性。一个管理良好的有机农场或牧场的多样性，是防止内部和外部寄生虫的一个长期效应，生物防治是以生物多样性为基础。此外，也是以不同的培育方式、限制放牧和减少这些害虫繁衍寄生地为基础。但是，许多有机农业生产者认为控制寄生虫是他们的一个最大的挑战，往往需要更多的人力和物力。

放牧时寄生虫管理有许多策略和技术，农牧民可以用来减少的内部和外部寄生虫。大多数需要一个高程度的管理技能和一个放牧控制的环境。举例来说：通过控制最低载畜量，可以减少内部寄生虫的摄入，因为这些寄生虫喜欢寄宿在植物茎叶的底部。通过适时轮牧，在宿主家畜返回牧场前，允许内部寄生虫孵化直至死亡是一个自我清洁的方式。

由于多数内部寄生虫不会在畜种之间传播，多畜种放牧或不同畜种轮牧都可减少寄生虫的着生。首先让年幼的、寄生虫易感家畜在新鲜的草场放牧，然后，年老的、不易感的家畜再接着放牧。放牧完牛再放牧鸡是减少内部和外部寄生虫（特别是苍蝇）的一个策略。家禽散布的粪便堆可以破坏虫卵，家禽也可以以幼虫为食。

四、对动物的非治疗性手术

对动物的非治疗性手术标准在此单独列出，足以表明有机养殖对动物福利的关注。但是，动物福利是指人类应最大限度地给畜禽提供良好的生存待遇，最终目的是满足人类的需要，更好地为人类提供优质畜禽产品。这里提到的可以使用的几种非治疗性手术主要就是考虑到实际生产的需要，同时也兼顾了动物福利的要求。

身体改造是指改变自然外观或动物功能的不可逆转过程。通常用在家畜管理中，基于5个理由：为了识别，如烙印、刺字、耳朵标签、打耳号；为了防止动物间搏斗或相残的伤害，如断喙、切角、断尾、阉割；为防止破坏草地，例如，公猪的鼻环；以提高产品质量和销路，如阉公畜、阉鸡；为了家畜的健康，如羊断尾。

根据有机产品标准规定，有机养殖强调尊重动物的个性特征。应尽量养殖不需要采取非治疗性手术的品种。在尽量减少畜禽痛苦的前提下，可对畜禽采用以下非治疗性手术，必要时可使用麻醉剂，例如，物理阉割、断角、在仔猪出生后24h内对犬齿进行钝化处理、羔羊断尾、剪羽、扣环。

针对一些并不是生产中必须进行的手术，而且这些手术严重违背了动物福利的要求，会对动物的生理造成很大的痛苦，因此，在有机养殖中严格禁止。不应进行以下非治疗性手术：断尾（除羔羊外）；断喙、断趾；烙翅；仔猪断牙；其他没有明确允许采取的非治疗性手术。

第四节　有机鹅和有机羊的养殖技术

一、有机鹅的养殖

1. 选择适宜当地环境的品种

有机鹅的品种比较多，在生产中，如果以产肉为主，应选用饲料消耗少、生长速度快、产肉率高的中型鹅种；如果以产肥肝为主，应选择从法国引进的朗德鹅、广东省的狮头鹅和黑龙江的雅鲁肝鹅；如果以产蛋为主，应选用原产山东省莱阳地区的豁眼鹅（年产蛋量可达 120~130 枚）、江西省的上饶白鹅等；如果以产羽绒为主，应选择白色羽绒量多的鹅种，如太湖鹅、雅鲁肝鹅、皖西白鹅等。

优良品种鹅生长发育快，饲料转化率高，饲养周期短，产蛋多，产肉多，产羽绒高，经济效益高。我国普遍饲养的良种鹅有四川白鹅、扬州鹅、隆昌鹅、溆浦鹅、豁眼鹅、狮头鹅以及由品种鹅多次与当地鹅杂交纯化选育的商品鹅，如雅鲁肝鹅，就是典型的肉、蛋、绒、肝、皮多用的新品种鹅。

2. 种草养鹅效益好

我国野草资源丰富，是鹅青饲料的主要来源。但是，单靠野草是不够的，特别是规模养鹅，应建立养鹅人工草地，并注意选择适宜鹅采食、适口性好、耐践踏的品种，如苜蓿、多年生黑麦草、白三叶、红三叶、猫尾草等永久性品种，也可选择冬牧 70 黑麦、苏丹草等季节性品种。

3. 饲养规模要适当

大群饲养，放牧困难，如果青饲料不足，补精料就要多，成本太高；养得太少，同时也要放牧喂养，浪费人力、物力，也不合算。因此饲养者应根据自己的情况，酌情控制饲养规模，一般兼业饲养以 10~50 只为宜，专业饲养以 300~1 000 只为宜。

4. 适当补充精饲料

鹅是食草性水禽，应以放牧（或圈养喂草）为主，适当补充精饲料，以提高增重速度和缩短饲养期。经试验，补充配合饲料和稻谷的鹅，比不补充的平均日增重高 25g，饲养期缩短 15~20d。因此，在饲养中应视牧草质量、采食情况和增重速度而酌情补料，一般以糠麸为主，掺以甘薯、秕谷和豆粕，还应添加8%鱼粉、1%贝壳粉、0.4%食盐及各种微量元素0.5%等，以满足其生长发育的需要，种鹅产蛋期更应重视精料的补充。

5. 加强雏鹅饲养管理提高鹅群成活率

雏鹅被毛稀薄，对外界温度调节能力差，消化器官和消化机能都不完善，所以体质较弱，抗病力差，往往会因饲养管理不当造成雏鹅大批死亡。因此雏鹅培养是养鹅的关键环节。应选择健康强壮的雏鹅，做好育雏准备，科学配制雏鹅饲料，合理安排饲喂次数，搞好卫生防疫。购回的雏鹅，注射抗小鹅瘟血清，保持饲料新鲜，饮水清洁，禽舍清洁干燥，每天清洗饲槽和饮水器。在饲料中加入土霉素、诺氟沙星或喹乙醇，进行预防性投药，对防治雏鹅疾病具有明显效果。

6. 子鹅合理组群快速育肥

30~80日龄的鹅，能大量利用青饲料和全价饲料，可进行放牧饲养。育肥前应将大群子鹅按体形大小、体质强弱情况分为2~3群，在短期内达到鹅群平衡。分群后子鹅要及时选用左旋咪唑、丙硫苯咪唑或者阿维菌素等高效、低毒的驱虫药驱除体内寄生虫。放牧育肥可以节约饲养成本，提高养殖效益，但必须合理补饲；圈舍育肥要求饲料营养全面，适口性好，还应定时定量补充微量元素、维生素和添加防病抗病药物。填饲育肥不要将饲料填入气管，填饲后要供给充足的饮水和青饲料。填饲时的适宜温度为10~25℃，温度超过25℃的炎热季节不宜填饲。

7. 搞好疾病防治

鹅的抗病力较强，很少患病，但30日龄内小鹅的死亡率高，其主要原因是小鹅瘟病。每次进鹅前及出售后要用20%的石灰水对鹅舍、用具消毒。选择打过防疫针的鹅苗进场或进场后立即注射小鹅瘟血清或小鹅瘟疫苗。平时应搞好环境卫生，定期对饲槽饮水器具清洗消毒，定期驱虫。同时应加强饲养管理，增强鹅群自身的抗病力，严禁采用被农药污染的农作物秸秆、饲草、青菜喂鹅，以免农药中毒。

肉鹅夏季易发病，要搞好防疫。刚出壳的雏鹅，要注射小鹅瘟血清，每只肌注 0.5mL。30 日龄时，每只肌注禽霍乱菌苗1.5mL。饲养用具每隔 3~5d 消毒 1 次，圈舍和活动场地每隔 7~10d，用1%漂白粉、2%烧碱交叉消毒 1 次。

二、有机羊的养殖

1. 养殖方式

主要采取利用天然草场放牧和舍饲圈养相结合的养殖方式。即根据天然草场牧草的长势情况，核定载畜量，大部分的羊只在天然草场放牧，部分羊只采用全舍饲的方式养殖，以确保天然草场不会超载过牧，维持生态平衡。

2. 天然草场和圈舍建设要求

（1）天然草场的要求。在天然草场放牧时，不得超载过牧。天然草场也必须通过有机认证。在天然草场上开展治蝗、灭鼠等工作时，禁止使用化学合成的农药。建议使用生物药物、牧鸡、牧鸭或保护蝗虫、害鼠的天敌，以控制蝗灾、鼠害。

（2）圈舍建设要求。全舍饲养殖场必须有足够的活动空间和休息场所（表5-1）；必须提供符合其生理习性和行为的生长繁育场所；必须保持合适的饲养密度；禁止无法接触土地的饲养方式和完全圈养、拴养来限制自然行为的饲养方式。

表 5-1　有机羊圈舍建设要求

品种	养殖面积 （净面积 m²/只）	活动面积 （m²/只）
成年绵羊	1.5	2.5
绵羊羊羔	0.35	0.5
成年山羊	1.5	2.5
山羊羊羔	0.35	0.5

保持空气流通，自然光线充足；有足够的垫料、饮水和饲料；避免过度的太阳照射及难以忍受的温度；避免使用对健康明显有害的建筑材料和设备。

3. 饲料

必须用有机饲草料喂养，当自有的饲草料基地生产的有机饲草料不足时，可以从外地购进有机饲料，但不得超过饲草料总量的 50%。在有机饲料供应短缺时，经颁证委员会许可可以购买常规饲料，但不可超过饲料总量 10%（以干物质计算），不超过每日总饲料量的 25%（以干物质计算）。当遇到不可预见的自然灾害或事故时可以例外，但必须在规定的时间内（具体时间另行视情况另行规定）；禁止使用尿素和粪便做饲料；禁止使用人工合成的生长激素、生长调节剂、开胃剂等添加剂；应具有一定的新鲜度，具有该产品应有的色、臭、味和组织形态特征，无发霉、变质、结块、异味及异臭；允许和限制使用的畜禽饲料添加剂要完全符合国家相关规定。

4. 疾病防治

允许对口蹄疫、羊痘等疫病进行免疫；生病和受伤动物的治疗以自然的药物和方法为主，包括植物提取液、顺势疗法、针灸等传统的疗法；当疾病或伤情确实发生时，应把得病或受伤的羊从群体中隔离开治疗。在没有合理的替代药物时，可以在兽医的指导下使用常规药物治疗。治疗后至少要经过 2 个安全间隔期；为了保持产品质量可以进行物理阉割；可以进行断尾；允许使用驱除寄生虫的药物。

第六章　有机食品加工

第一节　有机食品加工的原则

一、有机食品加工的基本原则

有机食品的加工不同于普通食品和绿色食品的加工，它对原料和生产过程的要求更加严格，不仅要考虑产品本身的质量与安全，还要兼顾环境影响，做到安全、优质、营养和无污染。因此，有机食品的加工应遵循一定的原则。

1. 可持续发展原则

在全球范围内，生态环境退化、食物和能源短缺是整个人类目前所面临的共同问题。为了给子孙后代留下一个可持续发展的地球，使环境保护与经济发展相协调，联合国环境与发展会议提出了环境与经济协调的可持续发展战略。以食物资源为原料进行的有机食品加工，必须坚持可持续发展的原则，节约能源，综合利用原料。

2. 营养物质最小损失原则

有机食品加工应能最大程度地保持原料的营养成分，使营养物质的损失达到最小程度。加工有机食品所采用的加工工艺要求较高，尽量保持食品天然的色、香、味并赋予产品一定的形状，

还可根据不同的加工方式提高食品营养价值和食品的吸引力。

3. 加工过程无污染原则

食品的加工过程是一个复杂的过程，从原料入库到产品出库的每一个环节和步骤都要严格控制，防止因加工而造成的二次污染。具体要注意以下 6 个方面。

（1）原料来源明确。要求加工的主要原料必须是有机食品认证机构认证的有机食品，辅料也尽量使用已经得到认证的产品。

（2）企业管理完善。有机食品加工企业要求地理位置适合，建筑布局合理，具有完善的供排系统，卫生条件良好，企业管理严格而有序，并且要经过认证人员考察。

（3）加工设备无污染。有机食品的加工设备应选用对人体无害的材料制成，特别是与食品接触的部位，必须保证不能对食品造成污染。另外，设备本身还应清洁卫生，以防油污和灰尘等造成污染。

（4）加工工艺合理。有机食品加工尽量选用先进的技术手段，采用合理的工艺，选用天然添加剂及无害的洗涤剂，避免交叉污染。近年来开发的生物方法、酶法等一些新的技术用于有机食品的加工和储藏，可在避免污染的同时，改善食品风味，增加食品营养。

（5）选用适宜的储藏和运输方法。有机食品的储藏是加工的重要环节，包括加工前原料的储藏、加工后产品的保藏以及加工过程中半成品的储藏。储藏应选用安全的储藏方法及容器，防止在此过程造成产品的污染。有机食品的运输过程也同样要求无杂质和污染源污染，严禁因混装而造成的污染。

（6）加强人员培训。对生产人员进行有机食品生产的知识培训，让他们了解有机食品加工的原则，严格按规定操作，加强责任心，避免人为污染，保证食品安全。

4. 无环境污染原则

有机食品加工企业不仅要注意自身的洁净，还须考虑对环境的影响，应避免对环境造成污染。加工后生产的废水、废气、废料等都需经过无害化处理，以避免对周边环境造成污染。

5. 产品的可追踪原则

有机食品要求产品具有可追踪性，即通过建立从原料到终产品的全程质量控制系统和追溯制度，提高有机食品生产者的安全意识和责任意识，切实保障产品的质量安全。

二、有机食品加工的基本方法

1. 食品败坏的原因

食品是以动物、植物为主要原料的加工制品，多数食品营养丰富，是微生物生长活动的良好基质，而动物、植物机体内的酶也常常继续起作用，因而造成食品败坏、腐烂变质。如何控制和防止食品败坏，以保证成品质量，是食品工业中的重要研究课题。

食品败坏——广义地讲是指改变了食品原有的性质和状态，而使质量变劣，不宜或不堪食用的现象。一般表现为变色、变味、长霉、生花、腐烂、混浊、沉淀等现象，引起食品败坏的原因主要有以下3个方面。

（1）微生物败坏。有害微生物的生长发育是导致食品败坏的主要原因。由微生物引起的败坏通常表现为生霉、酸败、发酵、软化、腐烂、产气、变色、浑浊等，对食品的危害最大，轻则使产品变质，重则不堪食用，甚至误食造成中毒死亡。

（2）酶败坏。如脂肪氧化酶引起的脂肪酸败，蛋白酶引起的蛋白质水解，多酚氧化酶引起的褐变，果胶酶引起的组织软化等。造成食品的变色、变味、变软和营养价值下降。

（3）理化败坏。如在加工和储存过程中发生的各种不良理化反应，如氧化、还原、分解、合成、溶解、晶析、沉淀等，理化败坏与微生物败坏相比，一般程度较轻，一般无毒，但造成色、香、味和维生素等营养组分的损失，这类败坏与果蔬所含的化学组分密切相关。

2. 食品保藏方法

针对上述败坏原因，按保藏原理不同，可将食品保藏方法分为5类。

（1）维持食品最低生命活动的保藏方法。主要用于果蔬等鲜活农副产品的储藏保鲜，采取各种措施以维持果蔬最低生命活动的新陈代谢，保持其天然免疫性，抵御微生物入侵，延长储藏寿命。这要求了解果蔬储藏的原理、基本储藏方法和储藏设施。新鲜果蔬是有生命活动的有机体，采收后仍进行着生命活动。它表现出来最易被察觉到的生命现象是其呼吸作用。必须创造一种适宜的冷藏条件，将果蔬采后正常衰老进程抑制到最缓慢的程度，尽可能降低其物质消耗的水平。这就需要研究某一种类或某一品种的果蔬最佳的储藏低温，在这个适宜温度下能储藏多长时间以及对低温的忍受力等。在储藏保存中注意防止果蔬在不适宜的低温作用下出现冷害、冻害。温度是影响果蔬储藏质量最重要的因素，湿度是保持果蔬新鲜度的基本条件，适当的氧气和二氧化碳等气体成分是提高储藏质量的有力保证。做好果蔬原料的储藏，对满足加工材料的供应有重要的意义。

（2）抑制微生物活动的保藏方法。利用某些物理、化学因素抑制食品中微生物和酶的活动。这是一种暂时性保藏措施。属这类保藏方法的有冷冻保藏，如速冻食品；高渗透压保藏，如腌制品、糖制品、干制品等。

①大部分冷冻食品能保存新鲜食品原有的风味和营养价值，受到消费者的欢迎。预煮食品冻制品的出现以及耐热复合塑料薄膜袋和解冻复原加工设备的研究成功，已使冷冻制品在国外成为方便食品和快餐的重要支柱。产销量已达到罐头食品的水平。我国冷冻食品工业近些年发展迅速，速冻蔬菜、速冻春卷、烧卖及肉、兔、禽、虾等已远销国外。

果蔬速冻是目前国际上一项先进的加工技术，也是近代食品工业上发展迅速且占有重要地位的食品保存方法。

②果蔬干制是通过减少果蔬中所含的大量游离水和部分胶体结合水，使干制品可溶性物质浓度增高到微生物不能利用程度的一种果蔬加工方法。果蔬中所含酶的活性在低水分情况下受到抑制。脱水是在人工控制条件下促使食品水分蒸发的工艺过程。干制品水分含量一般为5%~10%，最低的水分含量可达1%~5%。

③糖制和腌制都是利用一定浓度的食糖和食盐溶液来提高制品渗透压的加工保藏方法。

食糖本身对微生物并无毒害作用，它主要是减少微生物生长活动所能利用的自由水分，降低了制品水分活性，并借渗透压导致微生物细胞质壁分离，得以抑制微生物活动。为了保藏食品，糖液浓度至少要达到50%~75%，以70%~75%为合适，这样高的糖液浓度才能抑制微生物的危害。1%的食盐溶液能产生0.618MPa的渗透压。如果15%~20%的食盐溶液就可产生9.27~12.36MPa的渗透压。一般细菌的渗透压仅为0.35~1.69MPa。当食盐浓度为10%时，各种腐败杆菌就完全停止活动。15%的食盐溶液可使腐败球菌停止发育。

（3）利用发酵原理的保藏方法。利用发酵原理的保藏方法称发酵保藏法或生化保藏法。利用某些有益微生物的活动产生和积累的代谢产物，抑制其他有害微生物活动。如乳酸发酵、酒精发酵、醋酸发酵。发酵产物乳酸、酒精、醋酸对有害微生物的毒害作用十分显著。这种毒害主要是氢离子浓度的作用，它的作用强弱不仅取决于含酸量的多少，更主要的是取决于其解离出的氢离子的浓度，即 pH 值的高低。发酵的含义是指在缺氧条件下糖类分解的产能代谢。

随着科学技术的不断发展，发酵食品的花色品种将不断增加以满足社会需要。发酵食品常常是糖类、蛋白质、脂肪等同时变化后形成的复杂混合物。对某类食品发酵必须控制微生物的类型和环境条件，以形成所需的特定发酵食品。

（4）运用无菌原理的保藏方法。运用无菌原理的保藏方法即无菌保藏法，是通过热处理、过滤等工艺手段，使食品中腐败菌的数量减少或消灭到能使食品长期保存所允许的最低限度，并通过抽空、密封等处理防止再感染，从而使食品得以长期保藏的一类食品保藏方法。食品罐藏就是典型的无菌保藏法。

最广泛应用的杀菌方法是热杀菌。基本可分 100℃ 以下 70~80℃ 杀菌的巴氏杀菌法和 100℃ 或 100℃ 以上杀菌的高温杀菌法。超过一个大气压力的杀菌为高压杀菌法。冷杀菌法即是不需提高产品温度的杀菌方法，如紫外光杀菌法、过滤法等。

（5）应用防腐剂的保藏方法。防腐剂是一些能杀死或防止食品中微生物生长发育的药剂，有机食品加工对防腐剂有特殊的要求，应着重注意利用天然防腐剂，如大蒜素、芥子油等。

第二节 有机食品加工厂的建设

一、有机食品加工厂厂址的选择

1. 基本要求

有机食品企业在新建、扩建、改建过程中，食品厂的选址应满足食品生产的基本要求。

（1）地势高。为防止地下水对建筑物墙基的浸泡和便于废水排放，厂址应选择地势较高并有一定坡度的地区。

（2）水源丰富，水质良好。食品加工厂需要大量的生产用水，建厂时应该考虑供水方便和充足的地方。使用自备水源的企业，需对地下水丰水期和枯水期的水质、水量经过全面的检验分析，证明能满足需要后才能定址。水质要符合国家饮用水标准的要求。另外，用于有机食品生产的容器、设备的洗涤用水也必须符合国家饮用水标准。

（3）土质良好，便于绿化。良好的土质适于植物的生长，也便于绿化。绿化树木和花草不仅可以美化环境，而且可以吸收灰尘、减少噪声、分解污染物，形成防止污染的良好屏障。

（4）交通便利。有机食品加工企业应选在交通方便但与公路有一定距离的地方，以便于食品原辅材料和产品的运输。

2. 环境要求

有机食品企业在厂址选择时，除了基本要求外，还要考虑周围环境对企业的影响和企业对周边环境的影响。

（1）远离污染源。一般情况下，有机食品企业选址时应远离重工业区。如果必须在重工业区选址时，要根据污染范围设

500~1 000m 防护林带。在居民区选址时，25m 以内不得有排放尘、毒作业场所及暴露的垃圾堆、坑或露天厕所，500m 以内不得有粪场和传染病医院。为了减少污染的可能，厂址还应根据常年主导风向，选在污染源的上风向。

（2）防止企业对环境的污染。某些食品企业生产过程中排放的污水、污物、污气等会污染环境，因此，要求这些企业不仅设立"三废"净化处理装置，在工厂选址时还应远离居民区。间隔的距离可根据企业性质、规模大小，按工业企业设计卫生标准的规定执行，最好在 1km 以上，其位置还应在居民区主导风向的下风向和饮用水水源的下游。

二、有机食品企业的建筑设计与卫生条件

1. 建筑布局

根据原料和工艺的不同，食品加工厂一般设有原料预处理、加工、包装、储藏等场所，以及配套的锅炉房、化验室、容器洗消室、办公室、辅助用房和生活用房等。各部分的建筑设计要有连续性，避免原料、半成品、成品和污染物交叉感染。锅炉房应建在生产车间的下风向，厕所应为便冲式并远离生产车间。

2. 卫生设施

有机食品工厂必须具备一定的卫生设施，以保证生产达到食物清洁卫生、无交叉污染。加工车间必须具备以下卫生设备。

（1）通风换气设备。为保证足够的通风量，驱除蒸汽、油烟和二氧化碳等气体，通入新鲜洁净的空气，工厂一般设置自然通风口或安装机械通风设备。

（2）照明设备。利用自然光照明要求窗户采光好，适宜的门窗与地面的面积比例为 1 : 5。人工照明一般要求达 50lx 的亮

度，而检验操作台等位置要求达到 300lx。照明灯泡或灯管要求有防护罩，以防玻璃破碎进入食品。

（3）防尘、防蝇、防鼠设备。食品车间需要安装纱门、纱窗，货物频繁出入口可安装排风幕或防蝇道，车间外可安装诱蝇灯，车间内外墙角处可设捕鼠器，产品原料和成品要有一定的包装，减少裸露时间。

（4）卫生缓冲车间。根据企业卫生要求，工人在上班以前在生产卫生室内完成个人卫生处理后再进入生产车间。卫生缓冲车间是工人从车间外进入车间的通道，工人可以在此完成个人卫生处理。卫生缓冲车间内设有更衣室和厕所。工人穿戴好鞋、帽、工作服和口罩等后，先进入洗手消毒室，在双排脚踏式水龙头洗手槽中洗手消毒，在某些食品如冷饮、罐头、乳制品等加工车间入口处设置低于地面 10cm、宽 1m、长 2m 的鞋消毒池。

（5）工具、容器清洗消毒车间。工具容器等的消毒是保证食品卫生的重要环节。消毒车间要有浸泡、刷、冲洗、消毒等处理的设备，消毒后的工具、容器要有足够的储藏室，严禁露天存放。

3. 地面、墙壁处理

地面应有耐水、耐热、耐腐蚀的材料铺设而成，地面还应有一定的坡度以便排水，地面有地漏和排水管道。

墙壁表面要涂被一层光滑、色浅、抗腐蚀的防水材料，离地面 2m 以下的部分要铺设白瓷砖或其他材料作为墙裙，生产车间四壁与屋顶交界处应呈弧形以防结垢和便于清洗。

4. 污水、垃圾和废弃物排放处理

有机食品加工厂在设计时更要求加强废弃物的处理能力，防止污物对工厂的污染和周围环境的污染。

5. 有害生物防治

有机加工和贸易必须采取有效管理措施来预防有害生物的发生。措施包括消除有害生物的滋生条件，防止有害生物接触加工和处理设备，通过对温度、湿度、光照、空气等环境因素的控制，防止有害生物的繁殖。

对有害生物的防治，允许使用机械类的、信息素类的、气味类的、黏着性的捕害工具、物理障碍、硅藻土、声光电器具，作为防治有害生物的设施或材料。允许使用以维生素 D 为基本有效成分的杀鼠剂。在加工储藏场所遭受有害生物严重侵袭的紧急情况下，提倡使用中草药进行喷雾和熏蒸处理；限制使用硫黄，禁止使用持久性和致癌性的农药和消毒剂。

第三节　有机食品加工过程的要求

一、有机食品加工配料、添加剂和加工助剂

1. 有机食品生产的加工配料、添加剂和加工助剂的基本要求

食品加工方法较多，其性质相差较大，不同的加工方法和制品对原料均有一定的要求，优质高产、低耗的加工品，除受工艺和设备的影响外，更与原料的品质好坏以及原料的加工适性有密切的关系，在加工工艺和设备条件一定的情况下，原料的好坏就直接决定着制品的质量。食品加工对原料总的要求是要有合适的种类、品种，适当的成熟度和良好、新鲜完整的状态。

有机食品加工的原料应有明确的原产地、生产企业或经销商。固定的、良好的原料基地能够为企业提供质量和数量上都有

保证的加工原料。现在，有些食品加工企业投资农业，建立自己的原料基地，有利于质量的控制和企业的发展。

按照国家质量技术监督检验检疫总局 2005 年发布的有机食品国家标准 GB/T 19630—2019，对有机食品生产的加工配料、添加剂和加工助剂有如下要求。

（1）加工所用的配料必须是经过认证的有机原料，这些配料在终产品中所占的重量或体积不少于配料的 95%。

（2）当有机配料无法满足需求时，可使用非有机农业配料，但应不大于配料总量的 5%。一旦有条件获得有机配料时，应立即用有机配料替换。

（3）同一种配料不应同时含有有机、常规或转换成分。

（4）作为配料的水和食用盐，只要符合国家食品卫生标准可免于认证，但不计入所要求的有机原料中。

（5）允许使用 GB 2760 食品添加剂使用卫生标准中指定的天然色素、香料和添加剂，但禁止使用人工合成的色素、香料和添加剂。

（6）允许使用标准规范所列的添加剂和加工助剂，一般不得使用超出此范围的非天然来源的添加剂和加工助剂。允许使用的添加剂和加工助剂应当按照评估有机食品中添加剂和加工助剂的程序对此物质进行评估。

（7）禁止在有机食品加工中使用来自基因工程产品的配料、添加剂和加工助剂。

2. 评估有机食品添加剂和加工助剂的准则

允许使用的食品添加剂和加工助剂不能涵盖所有符合有机生产原则的物质。当某种物质未被列入允许使用的名单时，认证机构应根据以下准则对该物质进行评估，以确定其是否适合在有机食品加工中使用。

（1）必要性。每种添加剂和加工助剂只有在必需时才允许在有机食品生产中使用，并且应遵守如下原则：遵守产品的有机真实性；没有这些添加剂和加工助剂，产品就无法生产和保存。

（2）核准添加剂和加工助剂的条件。添加剂和加工助剂的核准应满足如下条件；没有可用于加工或保存有机产品的其他可接受的工艺；添加剂或加工助剂的使用应尽量起到减少因采用其他工艺可能对食品造成的物理或机械损坏；采用其他方法，如缩短运输时间或改善储存设施，仍不能有效保证食品卫生；天然来源物质的质量和数量不足以取代该添加剂或加工助剂；添加剂或加工助剂不危及产品的有机完整性；添加剂或加工助剂的使用不会给消费者留下一种印象，似乎最终产品的质量比原料质量要好，从而使消费者感到困惑。这主要涉及但不限于色素和香料；添加剂和加工助剂的使用不应有损于产品的总体品质。

（3）使用添加剂和加工助剂的优先顺序。在食品加工过程中，应优先选择如下方案以替代添加剂或加工助剂的使用，即按照有机认证标准的要求生产的作物及其加工产品，而且这些产品不需要添加其他物质，如作增稠剂用的面粉或作为脱模剂用的植物油，或者仅用机械或简单的物理方法生产的植物和动物来源的食品或原料，如盐。

其次选择用物理方法或酶生产的单纯食品成分，如淀粉、酒石酸盐和果胶；或者选择非农业源原料的提纯产物和微生物，如金虎尾（acerola）果汁、酵母培养物等酶和微生物制剂。

在有机食品中，不允许使用以下种类的添加剂和加工助剂：与天然物质"性质等同"的物质；基本判断为非天然的或为"食品成分新结构"的合成物质，如乙酰交联淀粉；用基因工程方法生产的添加剂或加工助剂；合成色素和合成防腐剂。

另外，添加剂和加工助剂制备中使用的载体和防腐剂的安全性也必须考虑在内。

二、有机食品加工预处理

食品加工原料的预处理，对制成品的影响很大，如处理不当，不但会影响产品的质量和产量，而且会对以后的加工工艺造成影响。为了保证加工品的风味和综合品质，必须认真对待加工前原料的预处理。

以果蔬加工为例，食品加工原料的预处理一般包括选别、分级、洗涤、修整（去皮）、切分、烫漂（预煮）、护色、半成品保存等工序。尽管果蔬种类和品种各异，组织特性相差很大，加工方法也有很大的差别，但加工前的预处理过程却基本相同。

1. 原料的选别与分级

进厂的原料绝大部分含有杂质，且大小、成熟度有一定的差异。果蔬原料选别与分级的主要目的首先是剔除不合乎加工的果蔬，包括未熟或过熟的、已腐烂或长霉的果蔬。还有混入果蔬原料内的砂石、虫卵和其他杂质，从而保证产品的质量。其次，将进厂的原料进行预先的选别分级，有利于以后各项工艺过程的顺利进行，如将柑橘进行分级，按不同的大小和成熟度分级后，就有利于指定出最适合于每一级的机械去皮、热烫、去囊衣的工艺条件，从而保证有良好的产品质量和数量，同时也降低能耗和辅助材料的用量。

选别时，将进厂的原料进行粗选，剔除虫蛀、霉变和伤口大的果实，对残、次果和损伤不严重的则先进行修整后再应用。

果蔬的分级包括按大小分级、按成熟度分级和按色泽分级几种，视不同的果蔬种类及这些分级内容对果蔬加工品的影响而分别采用一种或多种分级方法。

2. 原料的清洗

果蔬原料清洗的目的在于洗去果蔬表面附着的灰尘、泥沙和大量的微生物以及部分残留的化学农药，保证产品的清洁卫生，从而保证制品的质量。洗涤时常在水中加入盐酸、氢氧化钠等，既可除去表面污物，还可除去虫卵、降低耐热芽孢数量。果蔬的清洗方法可分为手工清洗和机械清洗两大类。

3. 果蔬的去皮

除叶菜类外，大部分果蔬外皮较粗糙、坚硬，虽有一定的营养成分，但口感不良，对加工制品有一定的不良影响。如柑橘外皮含有精油和苦味物质；桃、梅、李、杏、苹果等外皮含有纤维素、果胶及角质；荔枝、龙眼的外皮木质化；甘薯、马铃薯的外皮含有单宁物质及纤维素、半纤维素等；竹笋的外壳高度纤维化，不可食用。因而，一般要求去皮。只有在加工某些果脯、蜜饯、果汁和果酒时，因为要打浆、压榨或其他原因才不用去皮。加工腌渍蔬菜也常常无须去皮。

去皮时，只要求去掉不可食用或影响制品品质的部分，不可过度，否则会增加原料的消耗，且产品质量低下。果蔬去皮的方法主要有：手工去皮、机械去皮、碱液去皮、热力去皮、酶法去皮、冷冻去皮、真空去皮。

4. 原料的切分、破碎、去心（核）、修整

体积较大的果蔬原料在罐藏、干制、腌制及加工果脯、蜜饯时，为了保持适当的形状，需要适当地切分。切分的形状则根据产品的标准和性质而定。制果酒、果蔬汁等制品，加工前需破碎，使之便于压榨或打浆，提高取汁效率。核果类加工前需去

核、仁果类则需去心。有核的柑橘类果实制罐时需去种子。枣、金柑、梅等加工蜜饯时需划缝、刺孔。

罐藏或果脯、蜜饯加工时为了保持良好的外观形状，需对果块在装罐前进行修整，以便除去果蔬碱液去皮未去净的皮，残留于芽眼或梗洼中的皮，部分黑色斑点和其他病变组织。全去囊衣橘瓣罐头则需除去未去净的囊衣。

上述工序在小量生产或设备较差时一般手工完成，常借助于专用的小型工具。如枇杷、山楂、枣的通核器；匙形的去核心器；金柑、梅的刺孔器等。

5. 烫漂

果蔬的烫漂，生产上常称预煮。即将已切分的或经其他预处理的新鲜果蔬原料放入沸水或热蒸汽中进行短时间的热处理。其主要目的在于钝化活性酶、防止酶褐变；软化或改进组织结构；稳定或改进色泽；除去部分辛辣味和其他不良风味；降低果蔬中的污染物和微生物数量。

但是，烫漂同时要损失一部分营养成分，热水烫漂时，果蔬视不同的状态要损失相当的可溶性固形物。据报道，切片的胡萝卜用热水烫漂1min即损失矿物质15%，整条的也要损失7%。另外，维生素C及其他维生素同样也受到一定损失。果蔬烫漂常用的方法有热水和蒸汽两种。

6. 工序间的护色

果蔬去皮和切分之后，与空气接触会迅速变成褐色，从而影响外观，也破坏了产品的风味和营养品质。这种褐变主要是酶褐变，由于果蔬中的多酚氧化酶氧化具有儿茶酚类结构的酚类化合物，最后聚合成黑色素所致。其关键的作用因子有酚类底物、酶和氧气。因为底物不可能除去，一般护色措施均从排除氧气和抑制酶活性两方面着手，在果蔬加工预处理中所用的方法主要有：烫漂护色、食盐溶液护色、有机酸溶液护色、抽空护色等。

7. 半成品保藏

果蔬加工大多以新鲜果蔬为原料，由于同类果蔬的成熟期短，产量集中，一时加工不完，为了延长加工期限，满足周年生产，生产上除采用果蔬储藏方法对原料进行短期储藏外，常需对原料进行一定程度的加工处理，以半成品的形式保藏起来，以待后续加工制成成品。目前常用的保藏方法有：盐腌保藏、浆状半成品的大罐无菌保藏等。

三、有机食品加工对工艺的要求

1. 有机食品加工工艺的基本要求

根据有机食品加工的原则，有机食品加工工艺应采用先进的工艺，最大程度地保持食品的营养成分，加工过程不能造成再次污染，并不能对环境造成污染。

（1）有机食品加工工艺和方法适当，以最大程度地保持食品原料的营养价值和色、香、味等品质。例如，牛奶的杀菌方法有巴氏杀菌（低温长时间）、高温瞬时杀菌，后者可较好地满足有机食品加工原则的要求，是适宜采用的加工方式。

（2）有机食品和有机食品的加工，都严禁使用辐射技术和石油馏出物。利用辐射的方法保藏食品原料和成品的杀菌，是目前食品生产中经常采用的方法。在传统食品加工中用到的离子辐射，是指放射性核素（如钴-60和铯-137）的高能辐射，用于改变食品的分子结构，以控制食品中的微生物、寄生虫和害虫，从而达到保存食品或抑制诸如发芽或成熟等生理学过程的目的。采用辐照处理块茎、鳞茎类蔬菜如马铃薯、洋葱、大蒜和生姜等对抑制储藏期发芽都有效；辐射处理调味品，可以杀菌并很好地保存其风味和品质。但是，有机食品和有机食品的加工和储藏处理中都不允许使用该技术，以消除人们对射线残留的担心。

有机物质如香精的萃取，不能使用石油溜出物作为溶剂，这就需要选择良好的工艺，如超临界萃取技术，可解决有机溶剂的残留问题。

（3）不允许使用人工合成的食品添加剂，但可以使用天然的香料、防腐剂、抗氧化剂、发色剂等。不允许使用化学方法杀菌。

2. 食品加工新技术和工艺

食品往往含有大量的水分，极容易被微生物侵染而引起腐烂变质，同时由于某些食品（如果蔬）本身的生理变化很容易衰老而失去食用价值，因此，食品加工的目的就是采取一系列措施抑制或破坏微生物的活动，抑制食品中酶的活性，减少制品中各种生物化学变化，以最大限度地保存食品的风味和营养价值，延长供应期。

（1）传统的食品加工方法和工艺。常用的食品加工方法有干制、糖制、腌制、罐藏、速冻、制汁、制酒等。

干制、糖制、腌制：主要是利用蒸发水分、加糖或加盐等方法，增加制品细胞的渗透压，使微生物难以存活，同时由于热处理杀死了食品原料细胞，从而防止了食品的腐败变质。

最简单的干制方法是利用太阳的热量晒干或晾干果蔬，如干的红枣、葡萄干、柿饼、杏干、笋干、萝卜干等，但此法得到制品的质量难以保证。现代干燥方法如电热干燥、红外线加热干燥、鼓风干燥、冷冻升华干燥等方法，可进一步提高加工品的质量，保存新鲜原料的风味。

食品的糖制产品有果脯、蜜饯、果冻、果酱等。果脯是将原料经糖液熬制到一定浓度，使浓糖液充填到果蔬组织细胞中，烘干后即为成品。果酱是经过去皮、切块等整理的果蔬原料加糖熬制浓缩而成，使制品的可溶性固形物达 65%～70%。有些果蔬含有丰富的果胶物质，在其浸出液中加入适量的糖，熬制、浓缩、冷却后可凝结成为光亮透明的冻状物，称为果冻。

盐腌：食品腌制是利用食盐制成一个相对高的渗透溶液，抑制有害微生物的活动，利用有益微生物活动的生成物，以及各种配料来加强制品的保藏性。如酸菜、榨菜、咸菜、酱菜、盐腌果胚等，是果蔬加入一定的食盐后而制成的成品或半成品。

罐藏：将食品封闭在一种容器中，通过加热杀菌后，维持密闭状态而得以长期保存的食品保藏方法。目前，许多水果、蔬菜、肉类、鱼类等都可以制成罐头的形式进行销售和保藏。

速冻：采用各种办法加快热交换，使食品中的水分迅速结晶，食品在短时间内通过冰晶最高形成阶段而冻结。如速冻水饺、速冻蔬菜、速冻果品等，这是一种较先进的食品保藏和加工方式。

制汁：果蔬原汁是指用未添加任何外来物质，直接从新鲜水果或蔬菜中用压榨或其他方法取得的汁液。以果汁或蔬菜汁为基料，加水、糖、酸或香料等调配而成的汁液称为果蔬汁饮料。

制酒：酒是以谷物、果实等为原料酿制而成的色、香、味俱佳的含醇饮料。

（2）现代食品加工新技术。常见的现代食品加工新技术主要有如下 6 种。

膜分离技术：膜分离技术是利用高分子材料制成的半透性膜对溶剂和溶质进行分离的先进技术。目前主要应用的膜分离技术有超滤、反渗透和电渗析 3 种，前两种是靠压力差推动，第三种靠电位差推动。应用膜分离具有效率高、质量好、设备简单、操作容易等特点。

超高压技术：超高压技术是将食品原料填充到塑料等柔软的容器中密封放入到装有净水的高压容器中，给容器内部施加 $100 \sim 1\,000$ MPa 的压力，高压作用可以杀死微生物，使蛋白质变性、酶失活等。高压作用可以避免因加热引起的食品变色变味和营养成分损失以及因冷冻而引起的组织破坏等缺陷，被誉为是"自切片面包以来最大的发明""最能保存美味的食品保藏方法"。

超临界萃取技术：超临界萃取技术是近些年来发展起来的一种全新的分离方法，已广泛用于化工、能源、食品、医药、生物工程等领域。该技术是利用流体（溶剂）在临界点附近某一区域（超临界区）内，与待分离混合物中的溶质具有异常相平衡行为和传递性能，且它对溶质溶解能力随压力和温度改变而在相当宽的范围内变动这一特性，而达到将溶质分离的一项技术。利用这种所谓超临界流体作为溶剂，可以从多种液态或固态混合物中萃取出待分离的组分。CO_2 由于其无毒，不易燃易爆，有较低的临界温度和临界压力，传递性质好，在临界压力附近溶解度大，对人体和原料完全惰性，无残留等优点，而成为目前超临界流体萃取最常用的溶剂，即超临界 CO_2 萃取。进行超临界 CO_2 萃取操作的关键在于压力、温度的最佳组合。采用超临界 CO_2 萃取方法在提取柠檬皮香精油、柑橘香精油、紫丁香、杜松子、黑胡椒、杏仁等有效成分上获得了较理想的效果。

冷杀菌技术：用非热的方法杀死微生物并可保持食品的营养和原有风味的技术。目前应用的主要有电离场辐射杀菌、臭氧杀菌、超高压杀菌和酶制剂杀菌等方法。

特殊冷冻技术：速冻、冷冻粉碎、冷冻升华干燥、冷冻浓缩等是近年来发展起来的新技术，它们为食品加工提供一个冷的条件，可最大限度地保持食品原料原有的营养和风味，获得高质量的加工品。

挤压膨化技术：食品在挤压机内达到高温高压后，突然降压而使食品经受压、剪、磨、热等作用，食品的品质和结构发生改变，如多孔、蓬松等。目前的挤压食品除了意大利空心粉之外，已经扩大到肉类、水产、饲料、果蔬汁的加工中。

（3）酶技术在有机食品加工中的应用主要有以下内容。

①肉类加工。酶在肉类食品加工中有多方面的作用，其主要作用如下。

改善组织结构，嫩化肉类：目前作为嫩化剂的蛋白酶有2类，其中一类是植物蛋白酶，如木瓜蛋白酶、菠萝蛋白酶、中华猕猴桃蛋白酶等；另一类是微生物蛋白酶，如米曲霉等。嫩化的肉类品种可以是牛肉、羊肉、猪肉，也可以是禽肉等。

转化废弃蛋白：将废弃蛋白（为有机原料）如碎肉、动物血、杂鱼等用蛋白酶处理，溶解抽提其中的蛋白质，可以得到含蛋白质和维生素高的有机蛋白产品，可用作有机食品的添加剂，经济效益显著。

②果蔬加工。纤维素酶、半纤维素酶、果胶酶的混合物处理柑橘瓣，可脱去囊衣，得到质量上乘的橘子罐头。用橙皮苷酶将橘肉中的不溶性橙皮苷水解为水溶性橙皮苷，可消除橘子罐头中的白色沉淀。花青素酶分解花青素可使桃酱、葡萄汁脱色。

柑橘的脱苦是柑橘制品加工中的重要问题，利用柠碱酶处理可消除柠檬苦素带来的苦味，用柚苷酶处理，可消除未成熟橘子中的柚皮苷，从而使柑橘制品脱苦。

　　果汁加工中压榨、澄清是影响产品质量和生产效率的重要环节，用果胶酶和纤维素酶处理，可加速果汁过滤，促进澄清。

　　啤酒酿造过程中采用淀粉酶、蛋白酶、葡聚糖酶等酶制剂处理，可补充麦芽酶活力不足的缺陷，改善发酵工艺。白酒生产中用糖化酶代替麸曲，可提高出酒率，节约粮食，简化设备，提高生产效率和经济效益。

　　焙烤食品在面团中添加淀粉酶、蛋白酶、转化酶、脂肪酶等，可使发酵的面团气孔细而均匀，体积大，弹性好，色泽佳。

　　酶技术可以应用到食品储藏加工的各个领域，合理地应用和开发酶技术，可以提高有机食品深加工的程度，提高生产的效率，提高产品质量，获得较好的经济效益。

第七章　有机农业质量管理

第一节　有机农业标准

一、国际有机农业标准

国际有机农业标准主要有食品法典 CAC 标准和 IFOAM 标准，食品法典委员会是 FAO 及 WHO 联合建立的食品标准机构，从 1991 年起，在 IFOAM 等观察员组织的参与下，食品法典委员会开始制定有机食品的生产，加工及销售指南，制订了许多关于食品进出口检查及食品贸易的指导性文件。从内容来看，这些标准不仅明确地定义了有机食品生产的本质，还有助于消除消费者对产品质量和其他生产方式产生的误解。在他们看来，这些标准对于保护消费者及促进贸易都有积极的意义。食品法典委员会分别于 1999 年 6 月及 2001 年 7 月通过了有机植物和动物生产指南。这些指南的主要要求与 IFOAM 基本要求和欧盟第 2092/91 号法规是一致的，只是在细节问题和标准覆盖领域上有所差别。

1972 年，全球性民间团体 IFAOM（国际有机农业运动联盟）的成立，给有机农业和有机认证带来了新的契机。1980 年，IFOAM 制定并首次发布了关于有机生产和加工的基本标准，明确定义了如何种植、生产、加工和处理有机产品，它是世界范围内的认证机构和标准制定机构制定自有标准的基础，该标准具有广泛的民主性和代表性，因此这里以 IFOAM 基本标准为例介绍有机农业标准中所包含的主要内容。

IFOAM 基本标准包括了植物生产、动物生产以及加工的各个环节。在附录中列举了在施肥和土壤改良过程中使用的产品、在植物病虫害防治过程中使用的非有机生产材料的清单和食品加工过程中使用的加工助剂。并对评价有机生产其他材料使用的程序、有机食品生产加工助剂和添加剂评价程序进行了描述。IFOAM 的基本标准每 3 年召开 1 次会员大会进行修改。

1. 基因工程

在有机生产和加工中不能存在基因工程产品，必须采用有关文件和文字证明在有机生产和加工过程中没有转基因生物或材料。这个要求在 IFOAM 基本标准中单独列出，这表示对基因工程的重视。

2. 作物生产

（1）作物和品种的选择。所有种子和植物材料都应该是得到有机认证的。如果找不到得到认证的有机种子和种苗，那么也应该使用未经化学处理的常规材料。作物的类型和品种应该适应土壤和气候条件，对病虫害有抵抗力。在选择品种时要考虑生物多样性，不允许使用遗传工程生产的种子、花粉、转基因植物或植物材料。

（2）转换期长度。从开始进行有机农业生产到得到有机认证的时间这一阶段称为转换期。转换期的计算可以从向认证机构提出申请算起，或从最后一次使用不允许使用的材料算起。

对于一年生作物和牧场、草地及其产品其转换期至少为 12 个月，多年生作物（牧场和草地除外）为 18 个月。认证机构有权根据过去对土地的使用情况延长或缩短转换期，但需提供多种方式证明。

如果在农场内同时生产常规、转换期、有机农产品，并且不能明显分开这3类产品，这种情况在有机农业中是不允许的。为了保证严格分开，认证机构应该在条件允许的情况下对整个生产系统进行检查。

转换期产品应以"转换期有机农业产品"或与之相类似的描述在市场上销售。农场在第一年有机管理生产的饲料可以作为有机饲料。但只能作为自身农场的动物饲料，不能向外出售。

（3）作物生产中的多样性。在作物生产过程中，在尽量减少养分损失的情况下提高作物的多样性。采用包括豆科植物在内的多样种植；在1年内尽可能利用多种植物种类覆盖土壤。

（4）施肥。以可进行生物降解的材料为基础，对投入农场内的材料总量进行控制。限制动物肥料的过度使用。从农场外引入的材料（包括堆肥）应符合附件中的要求。人粪尿肥料在使用到人吃的蔬菜上时应符合卫生条件。矿物肥料只能在其他肥力管理措施最优化以后才允许使用，并且应该按照其本身的自然组成使用，不允许用化学的方法使其溶解。为防止重金属等物质的累积，需要对矿物质肥料做出规定。智利硝石以及所有的人工合成的氮素肥料包括尿素都不允许使用。

（5）病虫草管理（包括生长调节剂）。病虫草的控制应该通过合适的轮作、绿肥、平衡施肥、早播、覆盖等一系列栽培技术来限制其发展，病虫害的天敌应通过对合适的生存环境的管理来保护，如篱笆、寄居场所等。可使用生物制剂和用热、物理措施来控制病虫草害。常规耕作使用的器具应合理清洗以避免污染。不允许使用人工合成的除草剂、杀菌剂、杀虫剂、生长调节剂、染色剂、基因工程生物或产物、其他农药。

（6）污染控制。应该采取各种相关措施来减少农场外来的和内部的污染。如果有理由怀疑存在污染，那么认证机构应该对相关产品和可能的污染源（土壤和水）进行检测。对于保护性结构设施、薄膜覆盖、剪毛、捕虫、青贮饲料等，只允许使用聚乙烯、聚丙烯和其他多碳化合物。使用后应将这些物质从土壤中清除，并且不可以在农田中燃烧。不允许使用聚氯乙烯塑料产品。

（7）土壤和水保持。采取各种措施避免水土流失、土壤盐碱化、过度和不合理利用水资源以及对地下水和地表水的污染。

（8）非栽培植物和蜂蜜的采集。只有从稳定的、可持续的生长环境中采收的野生产品才能被认证为有机产品。采收行为不能超过维持生态系统可持续发展的产量，不能对动物、植物品种的生存造成危害。采收区域应该与常规农业、污染源保持一定的距离。

（9）林业。在 IFOAM 基本标准对有机林业制定条例以前，认证机构可以根据有机农业的原则性目标和有关社会公平的标准制定有关规定。

3. 畜牧养殖

（1）畜牧养殖管理。应该允许动物做其本来的行为活动；提供开阔的空气/放牧空间。当利用人工方法延长自然日照时间时，认证机构会根据类型、地区条件和动物健康等因素限制最长照射时间。群养动物不允许单独放养。

（2）转换期长度。农场或农场的相关部分的转换期至少需要 12 个月。认证机构应该制订动物生产应该满足的时间长度。

（3）引入的动物。所有有机动物应该在农场系统范围内生产和养殖。如果没有有机动物，认证机构可以按照以下年龄限制批准引入常规动物：2日龄的肉鸡、18周的蛋鸡、2周的其他鸡、断奶后的6周仔猪、经过初乳喂养且主要饲喂全奶的4周幼牛。从常规农场引入的育种动物的数量每年不能超过农场同类成年动物的10%。

（4）品种和育种。应根据当地条件选择品种。育种目标不能对动物的自然行为有抵触，并且要对动物的健康有帮助。繁殖方法应是自然的。认证机构应该保证育种系统采用的品种水平可以自然受精和生产。允许人工授精，不允许胚胎移植。除非是基于医疗原因并且在兽医指导下，否则不允许进行激素发情处理以及引产。不允许使用基因工程品种或动物类型。

（5）去势。应该选择不需要去势的动物品种。如果需要去势，那么应该保证对动物的损伤降到最低。需要时可采用麻醉剂。认证机构可以允许以下行为：阉割、羔羊断尾、去角、上鼻圈等。

（6）动物营养。应用100%的优质有机饲料饲养动物。饲料的主要组成（至少75%）应该来自农场内部或从其他有机农场引入。如果有证明显示不能从有机农场获得某些饲料，认证机构可以允许有一部分饲料从常规农场获得。反刍动物（干物质吸收）15%；非反刍动物20%，2002年起分别降低5%。

不能使用饲料添加剂：人工合成生长调节剂、催生长剂，人工合成镇静剂、防腐剂（除非用于加工辅料），人工染色剂，尿素，对反刍动物饲喂农场动物废料（如屠宰场废物），即使经过技术加工的粪便及其他肥料（所有的排泄物），经过溶剂处理（如乙烷）、提取（豆粉或油菜籽）或添加其他化学物质的饲料，氨基酸，基因工程生物或产品本身。如果数量、质量允许，应使用天然的维生素、微量元素和添加物质。所有反刍动物每天都能吃粗饲料。可以使用的饲料防腐剂有：细菌、真菌、酶、食品工业的副产品（如糖蜜）、植物产品。认证机构应根据相应动物品种的自然行为，制订最低断奶期。哺乳动物的幼畜应该用有机奶品喂养，并且这些有机奶品最好来自所喂养的动物品种。在紧急情况下，认证机构可以允许使用来自非有机农场系统的乳品或乳品替代物，只要这些材料不含有抗生素或人工合成的添加剂。

（7）兽医。患病或受伤的动物应该马上治疗。优先使用天然药品和方法，包括顺势疗法、针灸等。如果条件允许，认证机构应该根据农场的兽医记录做出规定来减少兽药的使用，并制订药品清单和停药期。人工合成促生长剂等物质不允许使用。不允许使用激素发情处理和同期发情（个体动物繁殖疾病除外）。法律规定许可的防疫是允许的；禁止使用基因工程防疫。

（8）运输和屠宰。应该尽量减少运输距离和次数。对各种动物使用适合的运输方法。在运输和屠宰的不同阶段有专人负责动物的健康。在操作时应尽量安静、温柔，电棒等工具不允许使用。不允许使用化学合成的镇静剂或兴奋剂。如果需要车辆运输，那么将动物运到屠宰场的时间不能超过8h。

（9）养蜂。蜂箱应该位于有机管理或天然的地区，不能离使用过化学农药的农田很近。应该在最后一次收获蜂蜜后并且在下一次花粉饲料可以供应前喂养蜜蜂。到2001年全部饲料中应该有90%为野生饲料或有机认证的饲料；每个蜂巢都应该由天然材料制成。不允许使用有潜在毒性的建筑材料。不允许剪翅、人工授精，养蜂过程中不允许使用兽药。在蜂群中工作时（如采收），禁止使用不允许的驱避剂。为了疾病控制以及蜂巢消毒，可用以下物质：苛性苏打、乳酸、草酸、醋酸、蚁酸、硫黄、醚、Bt。

4. 水产品养殖

（1）范围。水产品养殖范围有很多种，包括淡水、盐水、海水以及其他种类。在开阔水域自由活动的生物和根据基本程序不能够检查的生物不包含在这一养殖范围内。

（2）有机水产品转换。根据生命周期、种类、环境单元、生产地点、过去的废物、沉淀和水体质量等因素，认证机构制定转换期的长度。转换期的长度至少为需要转换的生物的一个生命周期。在水体自由流动而且在不受禁用物质影响的情况下，开阔水域的野生固定生物不需要转换期。

（3）管理技术。认证机构应该根据生物的行为需求制定标准。如果日照时间被人工延长，白天时间不能超过16h，应该有足够的措施避免养殖生物逃脱，防止寄主对水产生物的影响。认证机构应该制定标准防治水体的不合理利用或者过度利用。

（4）生产单元和采集区的位置。生产单元和采集区应该距离污染源和常规水产品生产一定的距离。采集区域应该明确边界，根据标准要求应该可以对水体质量、饲料、药物、投入因素等进行检查。

（5）健康和福利。与畜牧养殖健康规定相同。认证机构应该保证疾病管理记录被保存。记录应该包括：生物的辨识、疾病防治的细节和时间、所用药物的商品名称。如果生物出现反常，应该根据动物的需求对水体质量进行检查，并且记录结果。不能对水产生物进行任何形式的去势。

（6）品种和育种。应该选择适合当地条件自然生产的品种，认证机构可以允许使用非自然生产的繁殖方法，如鱼卵的孵化。引入的生物应该来自有机系统，并且引入的常规水产生物至少有

2/3生命周期的时间生活在有机系统内。不允许使用三倍体生物和转基因品种。

(7) 营养。水生生物的饲料应该含有100%的有机认证的材料或者野生饲料，如果采用野生鱼类，应该遵守联合国粮农组织的"负责任的捕鱼行为方式"的要求。

如果没有以上所说的饲料，认证机构可以允许最多5%的饲料来自常规系统。认证机构允许使用天然矿物质，限制使用人粪尿。添加剂及防腐剂规定与畜牧养殖规定相同。

(8) 收获。保证捕捞行为是按照最合适的方法进行的。对采集区域内水产品的生产数量应该保证不超过生态系统的可持续发展的产量。

(9) 活体海洋动物的运输。与畜牧养殖运输规定相同。

(10) 屠宰。与畜牧养殖屠宰规定相同。

5. 食品加工和操作

(1) 总规定。应该防止有机食品和非有机食品的混合。除非需要进行标识或者物理意义上分开，否则有机产品和非有机产品不能在一起储藏和运输。除了储藏设施的环境温度，允许空气调节、冷却、干燥、适度调节之外，都使用乙烯气体催熟。

(2) 病虫害控制。防治措施如破坏、取消生境等，机械、物理和生物方法，使用有机农业标准中的杀虫剂，禁止使用辐射。

(3) 配料、添加剂和加工助剂。100%的配料应该是有机产品。如果有机配料不能满足要求，认证机构可以允许使用非有机原料，而且定期接受检查和评估。原料不能够是基因工程产品。不允许使用矿物质（包括微量元素）、维生素或其他的成分。在食品加工过程中，微生物或常规酶可以使用，限制使用添加剂和加工助剂。

（4）加工方法。加工方法应该主要是机械、物理和生物过程。加工的每个过程中都应该保持有机配料的质量。所选择的加工方法应该对添加剂和加工助剂的数量和种类进行限制。提取时只能够用水、乙醇、植物和动物油、醋、二氧化碳、氮和羧酸。这些材料的使用应该是食品质量级，不允许使用辐射。

（5）包装。使用的包装材料不应该污染食品。包装的环境影响应该尽可能降低。应避免过度包装。在可能的情况下应该使用循环和再生性系统。应该使用可以生物降解的材料。

（6）标签。如果已经满足所有的标准，单一配料产品可以按"有机农产品"或类似描述标识。混合配料的产品如果产品至少95%的配料来自有机生产，产品可以标识为"有机认证"或其他类似描述，且产品应该带有认证机构的标志。如果产品大于70%，小于95%的配料来自有机生产，产品用"有机产品"来标识。"有机"字样可以按照"含有有机配料"方式明确说明有机配料的组成。可以使用说明由认证机构控制的信息，且文字应与配料比例靠近。如果产品小于70%来自有机生产，配料可以在产品配料表中说明。产品不能称为"有机"。

添加的水和盐不包括在有机配料中。转换期产品的标签应该和有机产品的标签有明显差异。多配料产品的所有原材料应该按照重量百分比的顺序予以列出。还应该明确说明哪些原材料是获得有机认证的，哪些不是。所有添加剂的名称都应该用它的全称。有机产品不能够标识为无基因工程或无基因改造，以免产生误解。对产品标识的基因工程的说明只局限于生产方法。

（7）社会公平。社会公平和社会权力是有机农业和加工的组成部分。认证机构应该保证操作者有社会公平的政策；认证机构对破坏人权的生产不能够进行认证。

二、国家和地区标准

从全球范围来看，欧洲、北美及日本是全球有机市场增长的重要因素，下面将以上述 3 个国家和地区为例，阐述有机主流国家及地区的有机标准。

1. 欧盟有机农业条例 EEC2092/91

欧盟于 1991 年 7 月 22 日开始实施 No. 2092/91 有机农业条例，该条例是欧盟关于有机产品生产、加工、标识、标准和管理的基础性法规，共 16 章、6 个附录和 25 条修正条款。颁布标准的目的在于保护真正的有机食品生产商、加工商和交易商的利益，防止假冒产品，促进有机农业的健康发展；促进消费需求，保护消费者利益；建立严格有序的有机生产体系，制定所有介入者都必须遵循的有机食品加工标准；建立公平、独立的监控和认证体系，所有有机产品或相关产品必须获得认证；制定相应的标签规定，促进新市场的形成，以培养新型有机食品生产商。虽然这不是世界上第一个有机农业法规，但这是至今为止实施最成功的一个法规。该法规对有机食品有着明确的法律定义，对欧洲成为世界上最大的有机食品市场起到了积极的作用。

欧盟新有机农业法规从 2009 年 1 月 1 日起生效，以此取代自 1991 年生效并促进了有机农业蓬勃发展的旧的欧盟有机法规 ECNr. 2092/91。新的有机法由多个法规文件构成。法规 ECNr. 834/2007 是有机生产和有机产品标识的基本要求，法规 ECNr. 899/2008 是有机生产、有机产品标识和有机认证检查的实施细则，法规 EGNr. 1235/2008 规范了如何从第三国进口有机食品。

2. 美国有机农业法规

1980 年后，美国联邦农业政策开始支持有机农业，组织推广有机农业。美国在联邦法制定以前，全美已经有 28 个州实行"有机食品法"，其中以俄勒冈州最早制定，在 1974 年就开始实行。美国联邦于 1990 年制定国家"有机食品生产法"，而且根据该法要求于 1991 年设立了国家有机标准局，负责制定有机认证标准，但是公众经过漫长的等待，在 1997 年 12 月 16 日才见到该标准的草案，经过反复的讨论，终于在 2000 年 12 月 21 日在《联邦注册》上发布了最终标准，并将于 2002 年 10 月正式生效。

3. 日本有机农业法规

日本是世界上创办有机农业最早的国家之一。早在 1935 年就有冈田茂吉先生提倡自然农法，并于 1953 年成立自然农法普及会。日本政府很早开始关注农业可持续发展，1984 年颁布的"地方促进法"，虽然是为了增加耕地生产力和稳定农业经营而建立的，但其中主张利用堆肥来改良土壤，也与有机农业有关。1987 年日本政府公布了自然农业技术的推广纲要，逐渐将自然农业的开发、生产和推广纳入法规管理轨道，1992 年日本农林水产省制定了《有机农产品蔬菜、水果生产准则》和《有机农产品生产管理要点》，并于 1992 年将有机农业生产方式纳入保护环境型农业政策，2001 年，日本农林水产省基于修正的 JAS 法规，制定了有机农产品及有机加工品的 JAS 法规。此外，JAS 法规特别规定了对有机食品小包装业者和进口有机农产品的认证标准。

4. 中国有机标准

2002 年 11 月 1 日《中华人民共和国认证认可条例》的正式颁布实施，有机产品（食品）认证工作由国务院授权的国家认证认可监督管理委员会统一管理，进入规范化阶段。国家认监委于 2003 年组织有关部门进行"有机产品国家标准的制定"以及"有机产品认证管理办法"的起草工作，并于 2005 年 4 月 1 日实施。2012 年 3 月 1 日，修订完成的标准开始实施，标准号为 GB/T 19630—2011。2011 版有机标准与 2005 版有机标准相比，除在"引言"部分增加对有机农业四大基本原则，即"健康的原则、生态学的原则、公平的原则和关爱的原则"的论述外，其主体结构并未发生根本性的变化。2011 版标准在内容方面最大的变化是对有机生产中允许使用的投入物做出了更加明确的规定。2019 年 8 月 30 日，修订完成新版标准 GB/T 19630—2019《有机产品　生产、加工、标识与管理体系要求》，并于 2020 年 1 月 1 日开始实施。国家标准的发布和实施是我国有机产品事业的一个里程碑，标志着我国有机产品事业又走上了一个规范化的新台阶。

第二节　有机农业检查与认证

有机农业认证就是由认证机构根据认证标准在对有机生产或加工企业进行实地检查之后，对符合认证标准的产品颁发证明的过程。未经过有机认证的产品，不能称为有机食品，也不得使用任何有机产品标志。只有获得认证的产品方可粘贴认证机构的有机产品标志，所以当消费者看到贴着有机标志的产品时就知道确实是有机产品，而且从标志上可以看出是由哪家认证机构认证的。因此认证本身就是一个质量控制过程，而且是其中关键的一环；认证机构则是有机食品质量控制体系的一个重要组成部分。

有机农业认证通常在有机食品生产和销售中起着非常重要的作用，它是保持有机市场健康的基础。这在我们现代工业化社会中更是如此，越来越长的、复杂的加工、分配和销售链条逐渐地使消费者与食物生产相分离。消费者选择从一个现代零售商店购买有机食品或饮料，必须是建立在销售的产品是真正有机的认识与信心的基础上。

一、认证机构应要求申请人提交的文件资料

申请人的合法经营资质文件，如土地使用证、营业执照、租赁合同等；当申请人不是有机产品的直接生产或加工者时，申请人还需要提交与各方签订的书面合同。

申请人及有机生产、加工的基本情况，包括申请人/生产者名称、地址、联系方式、产地（基地）/加工场所的名称、产地（基地）/加工场所情况；过去3年间的生产历史，包括对农事、病虫草害防治、投入物使用及收获情况的描述；生产、加工规模，包括品种、面积、产量、加工量等描述；申请和获得其他有机产品认证情况。

产地（基地）区域范围描述，包括地理位置图、地块分布图、地块图、面积、缓冲带，周围临近地块的使用情况的说明等；加工场所周边环境描述、厂区平面图、工艺流程图等。

申请认证的有机产品生产、加工、销售计划，包括品种、面积、预计产量、加工产品品种、预计加工量、销售产品品种和计划销售量、销售去向等。

产地（基地）、加工场所有关环境质量的证明材料。

有关专业技术和管理人员的资质证明材料。

保证执行有机产品标准的声明。

有机生产、加工的管理体系文件。

其他相关材料。

二、评审申请表

认证机构应当自收到申请人书面申请之日起 10 个工作日内，完成对申请材料的评审，并做出是否受理的决定。

同意受理的，认证机构与申请人签订认证合同；不予受理的，应当书面通知申请人，并说明理由。

认证要求规定明确、形成文件并得到理解。

和申请人之间在理解上的差异得到解决。

对于申请的认证范围、申请人的工作场所和特殊要求有能力开展认证服务。

认证机构应保存评审过程的记录。

三、检查准备与实施

1. 下达检查任务

认证机构在检查前应下达检查任务书内容包括但不限于：申请人的联系方式、地址等；检查依据，包括认证标准和其他相关法律法规；检查范围，包括检查产品种类和产地（基地）、加工场所等；检查要点，包括管理体系、追踪体系和投入物的使用等，对于上一年度获得认证的单位或者个人，本次认证应侧重于检查认证机构提出的整改要求的执行情况等；认证机构根据检查类别，委派具有相应资质和能力的检查员，并应征得申请人同意，但申请人不得指定检查员，对同一申请人或生产者/加工者不能连续 3 年或 3 年以上委派同一检查员实施检查。

2. 文件评审

认证机构在现场检查前，应对申请人/生产者的管理体系等文件进行评审，确定其适宜性和充分性及与标准的符合性，并保存评审记录。

3. 检查计划

（1）认证机构应制订检查计划并在现场检查前与申请人进行确认。检查计划应包括：检查依据、检查内容、访谈人员、检查场所及时间安排等。

（2）检查的时间应当安排在申请认证的产品生产过程的适当阶段，在生长期、产品加工期间至少需进行 1 次检查；对于产地（基地）的首次检查，检查范围应不少于 2/3 的生产活动范围。对于多农户参加的有机生产，访问的农户数不少于农户总数的平方根。

4. 检查实施

根据认证依据标准的要求对申请人的管理体系进行评估，核实生产和加工过程，确认生产、加工过程与认证依据标准的符合性。

5. 产地环境质量状况的评估和确认

（1）认证机构在实施检查时应确保产地（基地）的环境质量状况符合 GB/T 19630—2019《有机产品　生产、加工、标识与管理体系要求》规定的要求。

（2）当申请人不能提供对于产地环境质量状况有效的监测报告（证明），认证机构无法确定产地环境质量是否符合 GB/T 19630—2019 规定的要求时，认证机构应要求申请人委托有资质的监测机构对产地环境质量进行监测并提供有效的监测报告（证明）。

6. 样品采集与分析

（1）认证机构应按照相应的国家标准，制定样品采集与分析程序（包括残留物和转基因分析等）。

（2）如果检查员怀疑申请人使用了认证标准中禁止使用的物质，或者产地环境、产品可能受到污染等情况，应在现场采集样品。

（3）采集的样品应交给具有相关资质的检测机构进行分析。

7. 检查报告

（1）检查报告应采用认证机构规定的格式。

（2）检查报告和检查记录等书面文件应提供充分的信息以使认证机构有能力做出客观的认证决定。

（3）检查报告应含有风险评估和检查员对生产者的生产、加工活动与认证标准的符合性判断，对检查过程中收集的信息和不符合项的说明等相关方面进行描述。

（4）检查员应对申请人/生产者执行标准的总体情况做出评价，但不应对申请认证的产地（基地）/加工者、产品是否通过认证做出书面结论。

（5）检查报告应得到申请人的书面确认。

8. 认证决定

（1）当生产过程检查完成后，认证机构根据认证过程中收集的所有信息进行评价，做出认证决定并及时通知申请人。

（2）申请人/生产者符合下列条件之一，予以批准认证。生产活动及管理体系符合认证标准的要求。生产活动、管理体系及其他相关信息不完全符合认证标准的要求，认证机构应提出整改要求，申请人已经在规定的期限内完成整改、或已经提交整改措施并有能力在规定的期限内完成整改以满足认证要求的，认证机构经过验证后可批准认证。

（3）申请人/生产者的生产活动存在以下情况之一，不予批准认证：未建立管理体系，或建立的管理体系未有效实施；使用禁用物质；生产过程不具有可追溯性；未按照认证机构规定的时间完成整改、或提交整改措施；所提交的整改措施未满足认证要求；其他严重不符合有机标准要求的事项。

（4）认证机构应对批准认证的申请人及时颁发认证证书，准许其使用认证标志/标识。

（5）认证机构应当与获得认证的单位或者个人签订有机产品标志/标识使用合同，明确标志/标识使用的条件和要求。

9. 认证后管理

（1）认证机构应对获得认证的单位或个人、产品采取有效的管理措施，必要时实施未通知检查，以保证持续符合认证要求。

（2）认证机构应对获证产品的标志使用情况进行跟踪管理，确保使用有机标志/标识的产品与认证证书规定范围一致（包括标志的数量）。

（3）认证机构应及时获得有关变更的信息，并采取适当的措施进行管理，以确保获得认证的单位或个人符合认证的要求。

（4）违反《有机产品认证管理办法》第二十七条的规定，认证机构应及时撤销或暂停其认证证书，要求其停止使用认证标志/标识，并对外公布。

10. 认证证书、标志和标识

（1）认证机构应当采用国家认监委规定的有机产品认证证书和有机转换产品认证证书的基本格式。

（2）认证证书的内容应当根据认证和被认可的实际情况如实填写依据的标准、认证类别和使用认可标志。

（3）认证机构应当按照《认证证书和认证标志管理办法》和《有机产品认证管理办法》的规定使用国家有机产品标志、

国家有机转换产品标志和认证机构的标识。

（4）认证机构自行制定的认证标志应当报国家认监委备案。

11. 认证收费

认证机构按照国家计委、国家质量技术监督局关于印发《产品质量认证收费管理办法和收费标准的通知》（计价格〔1999〕1610 号）有关规定收取。

第三节　有机农业质量管理体系的建立与运行

一、有机农业的外部质量控制

根据有机食品的定义，未经过有机认证的产品，不能称为有机食品，也不得使用任何有机产品标志。只有获得认证的产品方可粘贴有机产品标志，所以当消费者看到贴着有机标志的产品时，就知道确实是有机产品，并且从标志上可以看出是由哪家认证机构认证的。因此认证本身就是一个质量控制过程，而且是其中关键的一环。

外部质量控制就是通过独立的第三方即由相关有机食品认证机构，派遣检查员对有机生产、加工基地及操作过程进行（通知或未通知的）实地检查，审核企业的生产过程是否符合有机农业生产的标准。检查员主要通过两方面的情况作为判断的依据：一方面通过地头田间实地考察和同生产者直接交流，了解生产者是否了解有机农业生产、加工的基本知识，同时检查生产者是否使用有机农业的违禁物；另一方面，通过审阅操作者所建立的内部质量控制体系是否健全，并通过实地考察及与管理人员和生产者进行交谈了解其内部质量控制体系的运行情况，并评价其有效性。对符合标准和认证要求者，颁发有机生产、加工证书和发放标志允许使用证明，在销售过程中通过销售证的发放控制产品销售量，保证销售与生产的量相吻合。消费者购买的产品一旦出现质量问题，即可以从产品的有机认证标志追踪到认证机构，认证机构通过产品的批号和相应的文档记录一直追查到生产的地块与生产者。

二、有机农业内部质量控制体系的建立

有机农业内部质量控制体系就是对有机食品生产、加工、贸易、服务等各个环节进行规范约束的一整套的管理系统和文件，它为消费者提供从土地到餐桌的质量保证，维护消费者对有机食品的信任。有机生产、加工、经营管理体系应形成系列文件并加以实施与保持；这些文件主要包括：生产基地或加工、经营场所的位置图（包括组织管理体系）；有机生产、加工、经营的质量管理手册；有机生产、加工经营的操作规程；有机生产、加工、经营的系统记录。内部质量控制是为了达到有机标准和外部质量控制的要求。

1. 组织管理体系

组织管理体系是内部质量控制体系的一个必要组成部分。有机农业要设立专门的质量管理部门或指定专人负责质量控制工作，并根据自身特点制定详细的质量管理规章制度及质量控制手册。明确生产过程中管理者、内部检查员以及其他相关人员的责任和权限；构建组织图和规程等。在我国有机标准 GB/T 19630—2019 中专门规定：有机产品生产、加工者不仅应具备与有机生产、加工规模技术相适应的资源，而且应具备符合运作要求的人力资源并进行培训和保持相关的记录。在组织管理体系中至少应明确有

机生产、加工的管理者及内部检查员并具备表 7-1 中所列出的条件。

表 7-1　有机产品生产、加工的管理者与内部检查员应具备的条件

有机产品生产、加工的管理者	内部检查员
本单位的主要负责人之一	了解国家相关的法律、法规及相关要求
了解国家相关的法律、法规及相关要求	相对独立于被检查对象
了解 GB/T 19630—2019 的要求	熟悉并掌握 GB/T 19630—2019 的要求
具备农业生产和（或）加工的技术知识或经验	具备农业生产和（或）加工的技术知识或经验
熟悉本单位的有机生产、加工管理体系及生产和（或）加工过程	熟悉本单位的有机生产、加工管理体系及生产和（或）加工过程

种植过程中包括从事有机农产品生产的人员名单，生产管理及检查员的组织图，生产管理执行者的姓名及资格，内部检查员的姓名及资格，农场、田地、加工设施等地图，农场、田地、加工设施等的面积和配置地图，内部检查的组织图。加工过程包括品质管理责任者、分装责任者、接受保管责任者的责任和权限（管理体系的设计和推进、异常情况的对策）；达标执行者的责任和权限；组织图、规程等。

2. 质量管理手册

质量管理手册是阐述企业质量管理方针目标、质量体系和质量活动的纲领指导性文件，对质量管理体系做出了恰当的描述，是质量体系建立和实施中所应用的主要文件，即是质量管理体系运行中长期遵循的文件。除了中国有机标准有明确规定外，欧盟、美国和日本有机标准虽然对质量管理手册没有明确规定，但

标准中所规定的文件类型和内容都相当于质量管理手册和规程/作业指导书。比如美国 NOP 标准的 205.201 规定的"有机生产和经营体系计划",欧盟 2092/91 的单元描述等。质量保证手册的主要内容包括:企业概况;开始有机食品生产的原因、生产管理措施;企业的质量方针;企业的目标质量计划;为了有机农业的可持续发展,促进土地管理的措施;生产过程管理人员、内部检查员以及其他相关人员的责任和权限;组织机构图、企业章程等。

3. 内部规程

建立内部规程是为了将《质量管理手册》中管理方针的程序和方法的文件具体化。内部规程必须经过组织内部的共同讨论通过并切实地实行。另外,为了确保农产品能够符合有机标准,在规程中要注明禁用物质和避免混淆的特别注意事项。

种植/养殖业和加工的内部规程都应含有:不满意见处理规程和与认证机构沟通与接受检查的规程;文件和记录的制定与管理规程;内部检查的规程;合约/合同的制订与实施规程;培训与教育的规程。另外,种植/养殖业的内部规程还包括:年度栽培/养殖计划;各种作物的栽培/养殖规程;机械及器具类的修整、清扫规程;产品批号的制订和使用规程;收获后的各道工序的规程;出货规程等。加工内部规程还包括:年生产加工计划的制订规程;原材料的接受、保管规程;加工或分装、保管规程(含原料使用比例);机械及设备的使用、修整、清扫规程;产品批号制订与使用规程;出货方式及规程;卫生与清洁规程;不同意见处理规程;向认证机构报告及接受监察的规程等。

4. 文档记录体系

由于时间和经费的限制,检查认证机构不可能一年四季住在农场观察生产的全过程，这就需要生产者将其生产活动以文字资料的形式根据相关认证机构标准记录下来，作为从事有机生产的证据，同时也使生产出来的产品有可追溯性。文档记录是获得认证的必要条件，有机农业生产基地必须建立文档记录体系。生产管理记录、出货记录、生产加工记录、原料到货记录、仓库保管记录等各种记录和票据必须是可以追踪调查的。一旦出现问题可以追查到具体的责任人，这是强化管理和提高产品品质的有效手段。

文档记录的格式因具体情况不同而有很大差别，没有适合所有农场条件的统一格式，农场必须根据自身特点设计。设计中要把握的原则，就是可追溯性和便于检查员的核查，能够再现整个生产过程。文档记录要保存时间3年或5年以上（根据不同标准的要求）。质量追踪系统是文档资料的综合体系，可以证明有机产品从生产到储藏、运输、加工、分装、货运、销售的整个有机操作的完整性和可追踪性。

三、有机农业内部质量控制——内部检查

在小农户的有机生产方式中，内部检查是进行质量控制的非常重要手段。根据GB/T 19630—2019的规定有机生产企业应建立内部检查制度，以保证有机生产、加工管理体系及生产过程符合GB/T 19630—2019的要求。内部检查应由内部检查员来承担，不参与生产、销售，负责质量管理人员，不得对自己进行内部检查（自己可以是农户或者从事技术指导），内部检查员应具有一定的教育水平和农业实践经验，并参加了有机农业的相关培训，熟悉有机农业标准。内部检查员的职责包括：配合认证机构的检查和认证；对照本部分，对本企业的质量管理体系进行检查，并对违反本部分的内容提出修改意见；对本企业追踪体系的全过程确认

和签字；向认证机构提供内部检查报告。

根据受教育水平、农业实践经验经培训后确定合适的内部检查员，在整个有机操作过程中完成对实地/实物的检查。要在一个生产周期内对100%的地块、农户和其他生产、加工场所进行全部检查，包括常规生产地块、生产加工使用的所有材料。每年对所有地块和农户的检查次数至少1次。内部检查的内容包括：田块的历史，使用的生产资料，使用品种和种子，灌溉，工具，在所有生产、加工和运输环节常规产品与有机产品的隔离情况。

对每次检查要编写内部检查报告，内容应包括基本信息（农户、田块、作物、品种、种子、机械、肥料、农药等）、检查发现的不符合项、针对不符合项提出的改进意见和期限、改进措施的落实情况等。

所有有机操作都有相应的规程作为依据，并有专门的执行人和监督人，并将所有有机活动都进行详细的记录，以文件的形式体现出来，这样就可以有效地保证有机农业的顺利进行。生产者每年都应根据销售情况、客户要求等不断改进种植、养殖、加工目标和计划，并以书面的形式通知农户，将变化内容和理由填写提交给农场或加工厂的有机管理办公室。

第八章　有机农业案例

第一节　有机蔬菜住温室喝泉水

为了保证市内蔬菜的安全供应，山东省烟台市人大携同商务局、农业农村局等部门对"放心蔬菜"的供应做了重要视察和工作梳理，旨在让市民们了解饭桌上的蔬菜从哪里来，让市民们安心地吃上"放心蔬菜"。据介绍，山东省烟台市海阳市蔬菜总面积达 20 万亩，正积极发展高端有机蔬菜种植，青岛百淳怡慧食品有限公司无土栽培的有机黄瓜是喝泉水长大，一根价格高达 7 元。

1. 无土有机栽培蔬菜喝泉水

青岛百淳怡慧在海阳方圆街道北城阳村租赁土地 300 亩建设有机设施高效农业项目，目前，一期投资 800 万元建设的 22 000m^2 的连栋温室进入生产期。

记者在温室里看到，晶莹红透的西红柿、挂满菜架的辣椒和清脆可口的白黄瓜，让人垂涎欲滴。在大棚负责技术工作的小张介绍："整个温室大棚都是全自动控制，自动测量温度和湿度，科学地施用生物农药，保证蔬菜符合有机标准。"

在大棚的过道里，有一台抽水模样的机器。据介绍，温室大棚所用的灌溉水全是从地下 150m 处抽取上来的，加上定时检测，保证水质的干净环保无污染。

2. 有机标准生产蔬菜价格不菲

近年来，海阳市以打造有机蔬菜生产基地为根本，以终端专卖服务为依托，以会员服务为特色的经营理念，实现了从种植基地到餐桌，产业链一体化运营。海阳市农业农村局负责人介绍，标准园蔬菜温室遵循基质隔离、以虫治虫、以菌制菌、生态防虫、营养防病的种植模式，生产系统基本实现科学自动化。

有机蔬菜生产系统到底好在哪里？据介绍，标准园生产系统具有4个特点：一是系统自调、环境可控。自动化程度高，温度、湿度、二氧化碳浓度完全可调可控，水肥全部自动化精确控制，肥料以发酵好的有机肥、沼渣、沼液为主。二是全部为基质栽培。基质以沼渣、发酵好的醋糟为主，完全避开土壤中的重金属、农药残留。三是生态循环。农场内所有作物的下脚料发酵后循环使用。四是有机栽培。完全按照国家有机规程种植。

因为科学化生产，保证蔬菜的有机标准，生产成本提高，蔬菜价格也就不菲。据介绍，当前有机蔬菜的销售价格是普通蔬菜的5~6倍，每千克有机番茄24元左右，一根有机黄瓜出口价7元。

3. 发展有机种植申请"三品"认证

目前，海阳市蔬菜总面积已达到20万亩，播种面积30万亩，总收入近7亿元，占农业经济总收入的8%左右，海阳市设施蔬菜已成为胶东地区最大的淡季蔬菜生产基地。目前，海阳市有日光温室5万个，达5万多亩。其中，中、小拱棚6万亩，露地蔬菜9万亩，设施黄瓜、番茄的生产技术和产量达到国内先进水平。

据悉，海阳市将致力于蔬菜标准化基地建设和蔬菜产品"三品"认证。发展温室有机蔬菜基地种植，在基地中推行标准化生产体系，落实质量控制体系，实现统一环境质量、统一生产技术、统一农资供应、统一检测方法、统一生产记录、统一包装销售的操作规范。

第二节　生态有机高原蔬菜发展

"种植有机蔬菜后，卖菜年收入可达 103 万元，除去地膜、菜籽、生物菌肥和劳务开支，净收入 63 万元。"甘肃省庆阳市宁县米桥镇红星村党支部书记、宁县俊峰蔬菜农民专业合作社理事长吉俊峰告诉记者，吉俊峰一边说，一边和社员在地头竖着"宁县生态有机高原蔬菜观光自摘示范园"牌子的园子里忙乎着。

50 多岁的吉俊峰是红星村乡亲一致称赞的致富能人。2013年，当了 3 年村党支部书记的他，从报刊上敏锐地捕捉到市场上生态有机蔬菜的价格将持续走高的信息后，便多次自费到陕西杨凌、山东寿光等地的绿色蔬菜基地观摩考察，学习掌握生态有机蔬菜的生产、管理、销售等先进知识技术。为他的合作社争取来县级"百亩生态有机高原蔬菜观光自摘示范园"创建项目后，他便带领乡亲抱团发展生态有机高原蔬菜，走共同致富路。

2014 年，在镇驻村帮扶工作队干部和县瓜菜中心干部的引导协助下，吉俊峰为他的合作社制定了"党支部+合作社+示范园+贫困户"的发展壮大路子。当年，合作社在租赁村里乡亲流转的 110 亩耕地上，严格按照生态有机标准化技术规范，以"'畜—沼—菜'+农家肥+生物菌肥"模式，种植了辣椒、大葱、洋芋等生态有机高原蔬菜，建起了"宁县生态有机高原蔬菜观光自摘示范园"。

蔬菜生长的那几个月里，他经常顾不上吃饭，每天坚守在示范园里，观察蔬菜的生长，发现病害虫害时，及时以手机拍照，并发在有县瓜菜中心技术员、西北农林科技大学教授、杨凌蔬菜专家等的微信群里，寻求技术指导。在他的精心照料下，当年合作社蔬菜的亩均收入达到了3 100元。

2016年，他的蔬菜观光自摘示范园面积达到了580亩，种植的辣椒、西葫芦、马铃薯等12个品种的生态有机高原蔬菜因品相好、味道好、口感好，除供当地城乡居民自摘外，还通过微信群、电商畅销于山东等地。

在使合作社增加收入的同时，他还吸纳村里59户贫困户加入合作社，靠土地租金、扶贫入股资金分红以及给合作社打工脱贫。靠合作社示范园带动，村里110户农户也通过种植生态有机高原蔬菜走上致富路。

在吉俊峰的带领下，红星村的蔬菜观光自摘示范园，正稳步走向园区规模化、生产标准化、产品品牌化与营销市场化。"生态有机高原蔬菜产业'钱'景好得很，合作社将逐年扩大示范园规模，以'旅游+''电商+'模式带领乡亲们共同致富。"吉俊峰说。

第三节　大舜创新果园

大舜创新果园成立于2013年，坐落于山东省鄄城县彭楼镇王集村南，初始流转土地748亩，其中有机果园338亩，主要种植宫藤富士苹果树，间作油菜、大豆、甘薯、白萝卜、潍坊萝卜、大白菜等作物；有机基地410亩主要种植大豆、小麦，其中50亩实验种植12种甘薯，3种萝卜，各类白菜等作物，2019年有机基地 410 亩全部种植小麦，共产出 11 万 kg，195 项无农残检出。现园区新建 3 000 亩以上。

建园 7 年来不断探索实践"舜田模式"，不使用任何化学合成农药化肥、除草剂。利用自然顺应自然，采用中医辨证施治的山东省大舜创新果园管理手段，脚踏实地坚持真有机，园区已连续 5 年通过有机认证，所有作物纯天然、营养健康。

结果园区 153 亩苹果树年产量 400 余吨，间作大豆、油菜、甘薯、花生、萝卜、白菜、葡萄等作物年产量 100 余吨。

"舜田模式"通过选用高产、优质、抗病的苹果树（宫藤富士），葡萄（阳光玫瑰蓝宝石）；间作物：甘薯（舜润田），大豆（齐黄 34），小麦（济麦 44），油菜（陇 6 和陇 7），黑花生，潍坊萝卜等为高产、优质、高效、有机生产奠定了优厚基础。

实践传统农法，参照中医辨证施治的手段管理园区，使用足量内蒙古优质羊粪有机肥、自制苹果、大蒜、辣椒酵素，利用庞大的蚯蚓群体和益生菌群高效净化、活化土壤，改良结构，增加有机质，培肥地力，促进生物群多元化，快速除尽农药、化肥、除草剂等有害残留。

园区利用自然顺应自然的管理理念，拔强草留弱草，除高草留矮草，大量野草是虫群、菌群栖息地与多样化美食，更是鸟类觅食的天堂，野草还田后为蚯蚓、虫群、益生菌大量繁殖提供有利条件，形成鸟与虫、虫与草、草与树、树与禾互生互助的良性生态系统。用秸秆还田方式，建立良好的田间群体结构和充足的有机质供应，用苦参碱和大蒜油、辣椒油等治理作物生长期间的严重虫害。不使用任何人工合成的化学品、核辐射产品和转基因产品，实现"高产、优质、高效、绿色、生态、安全和可持续"有机生产。

通过以上综合手段，"舜田模式"一季农作物即可净化土壤，小麦 295d，195 项无农残检测，大豆 78d、甘薯 73d，达到 179 项无农残检出标准。半年内新生野蚯蚓每亩 20 万~60 万条、益生菌群达到每克土 1 亿以上，高效活化土壤的同时，不断提升地力，恢复土壤生命力，增加土壤中矿物生命元素，还原植物营养，使所有作物都回到"儿时的味道"，营养健康。

园区改良后，土壤松软，呈蜂窝海绵网状，容重为 1.19g/cm^3，鄄城县平均土壤容重为 1.41g/cm^3，按照国家农业土壤容重适宜程度分级，园区土壤处于最佳适宜状态，而鄄城县其他区域农田土壤处于紧实状态。园区土壤有机质、碱解氮、有效磷和速效钾含量分别高达 26.1g/kg、130.8mg/kg、47.5mg/kg 和 368mg/kg，分别是鄄城县平均水平的 1.53 倍、1.37 倍、1.84 倍和 2.81 倍。

2018 年 10 月 8 日，农业农村部绿色食品发展中心负责人在厦门全国农产品绿色有机展会上，对一家有机种植企业每亩地有 2 万条蚯蚓的现象提出赞扬，而在大舜模式下的园区内，野生蚯蚓每亩存养量高达 83 万余条，是其 41.5 倍。这些蚯蚓每年每亩能产出约 54t 蚯蚓粪肥。除了松土和产生粪肥，蚯蚓自身的高级蛋白含量 62%~64%，按平均寿命 1 年计，舜田每年约有 2 500kg 优质蚯蚓蛋白溶化于土壤中，为改良和培肥土壤提供了永不枯竭的生物动力。

2018 年 12 月 4 日，鄄城县委宣传部，菏泽市、鄄城县电视台、鄄城县农办、林业局和彭楼镇领导在果园里现场挖掘蚯蚓，估算每亩 833 750 条，明年可突破 120 万条。

园区 2013 年开始栽植宫藤富士，精选主干型、高产、优质、高密度矮化树，现已丰产 158 亩。用中医辨证施治理论进行果树管理，终生不剪枝；行间过车、株间过人，大量节省人力物力，并有利于行间作物互助生长。

在果树行间间作大豆、小麦、油菜、甘薯、花生、潍坊萝卜等。不但能够高效活化土壤，增加地力提高苹果产量而且品质极佳。

园区已成为全国经济合作委员会富硒专业委员会示范基地，功能农产品有机加富硒，具有高抗氧化作用，增强免疫力，预防糖尿病、心脑血管疾病，解毒排毒的功效。

顺应天道的"舜田模式"挖掘动植物原始生命潜能，每年用约 1 万 kg 的油菜、大豆、野草、根、茎、秆、叶、柄作为生物群体的美食，在土壤中供应作物生长。苹果连续 4 年获得有机证书，2018 年苹果含糖量最高达 19.3%；不氧化，口感极佳。创新的油菜一种四收模式：一收白菜型小油菜；二收油菜花蕾与秆叶；三收油菜籽；四收落地籽、野生小油菜。

2018 年 10 月 14 日，山东省农业农村厅邀请国内著名专家对采用"舜田模式"种植的 360 亩齐黄 34 大豆进行实打验收。亩产达到 275.85kg，比全县大豆平均产量增产 37.93%。有机大豆齐黄 34 大豆蛋白脂肪合计 64% 以上，加工的豆腐、豆浆、煮豆品质极佳口感好，很受高端消费市场欢迎。

有机农产品是人类健康的基石，大舜人的初心坚持和不懈努力下，"舜田模式"取得了初步的成就，为人类提供优质有机农产品。但"一花开放不是春"，如何才能影响更多的人、更广的区域持续不断投身到改善大地母亲健康的实践行动中去，"舜田模式"有着自己的愿景和规划。

首先，为了总结"舜田模式"的管理经验和相关机理，大舜创新果园陆续组建多学科院士工作站，对以下 6 个方面进行研究：土壤生态变化与农业生态环境研究；生态种植下的营养供应研究，解决有机加富硒种植持续高产与投入的问题；果树与作物2种7收间作模式以及互作与共生关系的研究；农产品品质的变化研究，大舜产品与日本、欧盟等国外有机产品有哪些优势；蚯蚓提取物的研究与加工，园区自然野生蚯蚓可达每亩90万条，它有丰富的营养与极高的药用价值，开发提取物与加工很有必要。

其次，建设文人研究写作室（尧舜禹传统文化研究室、著名作家写作室、传统武术研究室）；尧舜禹传统文化综合展馆。用有机食品和雅净优美环境推名产、带名人，并进行传统文化、爱国主义教育、国防教育、农业有机种植青少年教育。

再次，建设菜籽、大豆榨油厂、全麦粉石磨厂、白菜型小油菜加工厂、油料储存库、小麦储存库、蔬菜冷冻库、水果保鲜库、烘干车间，提升产品价值，为产品销售流通打下坚实基础。

鄄城作为林业先进县、农业大县、粮食生产基地县，县委县政府高度重视"大舜有机种植模式"，大力推进林产品优质、高效、有机发展，菏泽市委副书记张伦就大舜果园有机种植模式批示意见指出："应大力发展有机种植模式，形成规模，增强品牌意识，加强宣传力度，打造鄄城县黄河滩区原产地知名品牌"的发展战略。目前已有多地推广实行"大舜有机种植模式"：鄄城县良园种植养殖专业合作社400亩；鄄城县古泉社区东何桥村，张海武有机果园种植大豆面积55亩；菏泽春茂农业发展有限公司200亩；山东上上滩农业开发有限公司470亩；鲁坤舜耕土地发展有限公司3 000亩等。园区以农、林科研院所和大专院校为技术依托，以院士工作站为抓手，以"大舜有机种植模式"为核心技术，建设高标准可复制的有机农产品生产基地，实现人与自然和谐共生。

第四节 秦宝牧业福利养殖

陕西秦宝牧业股份有限公司成立于2004年8月，主要从事中、高档肉牛的繁育、育肥、屠宰分割、深加工业务，是行业内领先的肉牛饲养及屠宰加工企业，也是国内较早从事高档肉牛饲养及高档牛肉生产的企业之一。2009年首次申请绿色食品标志许可，2010年获得中国绿色食品发展中心颁发的绿色食品证书。多年来，公司严格按照绿色食品标准要求进行生产。秦宝牧业：育中国肉牛第一品种，创中国牛肉第一品牌，着力打造中高档肉牛的良种选育、标准化繁育、规模化育肥、现代化屠宰分割、精深化加工及品牌化营销为一体的绿色科技型全产业链现代肉牛企业。目前，企业已成长为国家级农业产业化重点龙头企业、国家农产品加工技术研发牛肉分中心、国家肉牛产业体系综合实验站、国家级肉牛标准化养殖示范基地、国内首家牛肉全程安全追溯"农业部948计划"示范企业，农产品加工标准化技术委员会单位委员。

经过不断发展，陕西秦宝牧业股份有限公司已建立了国内高档肉牛存栏量最大的秦宝杨凌现代肉牛产业园，国内首次最大规模引进世界著名肉牛良种——纯种安格斯牛的秦宝延安黄龙优质肉牛产业园，位于全国西部肉牛产业带最核心区域的秦宝甘肃灵台现代肉牛产业园和行业内产品品类最丰富的秦宝宝鸡眉县优质牛肉加工产业园四大核心园区以及正在筹备建设的秦宝咸阳长武现代肉牛产业园。

秦宝牧业历经多年实践探索出的"建设核心园区、建立服务体系、推广优良品种、运用金融纽带"的产业模式为公司的快速发展奠定了坚实的基础。公司已在陕、甘、宁地区 20 余县建立了大量的养殖基地，使公司可控的优质肉牛存栏量达到 30 万头。好牛种才能有好牛肉。秦宝拥有完善的种质资源和先进的胚胎技术，依托中国农业大学、西北农林科技大学等单位，进行良种肉牛的育种、繁育和养殖工作。以和牛、安格斯牛、秦川牛三元杂交培育而成的高档肉牛——秦宝牛，将母本秦川牛抗病性强、产肉性能良好，肉质芳香，大理石花纹丰富的优点与父本和牛肉质细嫩多汁、肌肉脂肪中不饱和脂肪酸含量高，风味独特的优点集于一身。

　　秦宝公司秉持着"有快乐牛才有健康肉"的理念，坚持福利养殖，支持动物福利。秦宝牛小时候生活在秦岭北麓，食青草，饮山泉，呼吸新鲜空气，漫步于青山绿水间，悠然自得，长大后住"五星级"牛舍，吃熟食、听音乐、做按摩、睡软床，勤体检，"集万千宠爱于一身"。秦宝雪花牛肉，红白相间，色泽鲜亮，呈现雪花状。肉质细腻滑软，鲜嫩多汁，具有极高的品尝和观赏性；同时又富含高浓度"共轭亚油酸"，钙、铁、钾、锌，多种微量元素及维生素等人体所需有益成分，具有高蛋白、高营养、低胆固醇等特点，可媲美日本神户牛肉，是牛肉中的极品。

　　秦宝公司按照全产业链经营模式，从源头做起，营造天然绿色安全的饲养环境，通过 21 道检验检疫程序，保证了从饲养环节到加工环节、储运环节的绿色安全可靠。全程可追溯系统使消费环节与生产环节接轨，消费者可通过产品上的追溯码清晰地追溯到每块牛肉的生产加工记录及所对应的秦宝牛整个生长过程的健康记录，直至父母代。全程冷链系统确保了从屠宰加工到包装、储存，从运输到销售的每一个流程都在低温密闭无污染的条件下进行，保证了肉质的安全，营养，鲜嫩。

目前，陕西秦宝牧业股份有限公司已通过中国绿色食品发展中心绿色食品标志许可，德国麦咨达认证，ISO 9001—2008 质量管理体系认证，HACCP 食品安全管理体系认证，清真食品生产经营许可证，食品出口企业卫生注册，速冻牛肉酱卤肉制品及食用牛油生产许可认证等国际、国内认证，这些均是对秦宝牧业管理体系和产品品质的认可与支持。

秦宝雪花牛肉、冷鲜牛肉，牛肉深加工系列产品及礼盒产品自面试以来均在市场中取得良好业绩，深受消费者喜爱。凭借着优良的产品品质，公司围绕餐饮渠道、购物渠道在全国建立了以北京、上海、广州、深圳、西安、成都、哈尔滨、乌鲁木齐等城市为核心并覆盖全国的营销网络，积累了丰富的客户资源。秦宝牧业已成为国内肉牛行业品牌知名度高、市场覆盖面广、产品线丰富、产业链完整的中高档牛肉领军企业。

作为行业龙头，陕西秦宝牧业股份有限公司拥有着深厚的社会责任感和使命感，在国家倡导循环经济步伐的引导下，发挥自身优势，攻克技术难关，有效利用农业、工业副产品，加工成养牛所需的生物饲料。养牛产生的牛粪经过生物发酵技术加工成为生物有机肥，有效改良土壤并提高作物的品质和产量，为国家生态农业的可持续发展贡献力量。

"为农民开拓致富之路，为社会提供健康食品"是每一个秦宝人心中的光荣使命，"以龙头企业为牵动，以品种改良为先导，以大户繁育为支撑，以合作组织为纽带"的秦宝繁育模式，有效带动了秦宝核心产业园所在地和周边区域的肉牛产业发展，使更多肉牛养殖户走上了创富之路。陕西秦宝牧业股份有限公司正在向"育中国肉牛第一种，创中国牛肉第一品牌"的伟大目标迈进，并秉持着"用心成就生活之美"的企业理念，为成就美好生活而不断努力！

第五节 "三爪仑"有机食用菌培育

江西三爪仑绿色食品开发有限责任公司总经理茅义林，自从接过了父辈的事业，几乎从零开始创业，认真学习研究先辈的种植技艺，坚持原产地种植和产品特殊的工艺要求，利用当地优越绿色生态环境条件，十几年坚持绿色有机农业发展理念，成功创立了"三爪仑"有机食用菌品牌，推动公司生产的有机食用菌走向全国、走出国门，带领当地群众种植有机食用菌，助力农民朋友脱贫致富。

江西省靖安县宝峰镇有 500 多年的香菇栽培历史。1978 年，江西省外贸部门将靖安县宝峰镇（当时叫周坊公社，1994 年 11 月更名为宝峰镇）定为出口香菇生产基地，1985 年香菇年产量达 2.5 万 kg。当年美国总统尼克松访华时就曾品尝过产于靖安县宝峰镇的"三爪仑"香菇。宝峰镇具备得天独厚的自然条件，属于典型的亚热带湿润性气候，四季分明、雨量充沛、气温温和、无霜期较长，森林覆盖率高达 95.7%、享有"天然氧吧"美誉。优良的生态环境和悠久的食用菌栽培历史是发展有机食用菌的良好基础。江西三爪仑绿色食品开发有限责任公司位于三爪仑国家森林公园、国家生态示范区生态县—靖安县，国家有机产品认证示范创建区、国家绿水青山就是金山银山实践创新基地、千年古刹宝峰寺——马祖道场所在地。公司利用原木通过模仿生态方式栽培香菇、黑木耳等食用菌，把有机食用菌作为绿色青山转化为金山银山的重要载体。

1998 年，茅义林组建了靖安县森林绿色食品开发部，主要经营当地菌菇类农产品。2002 年 9 月，公司注册了"三爪仑"商标。2002 年，公司业务扩大更名为靖安县山珍自然食品开发部。2005 年，"三爪仑"牌香菇、黑木耳等产品通过了北京中绿华夏有机食品认证中心的有机食品认证，成为江西省首批获证的有机食品。2006 年，茅义林注册成立江西三爪仑绿色食品开发有限责任公司，公司主要从事香菇、木耳等原产地土特农产品的种植和销售。2012 年，公司在太阳山林场购置土地新建厂房，生产规模进一步扩大。2017 年，公司香菇基地和加工规模继续扩大。

目前，江西三爪仑绿色食品开发有限责任公司拥有生产、加工、包装、仓储等厂房 3 000m²，拥有农业种植示范园区 265 亩，带动农户 1 000 多户、带动农户种植面积 1 000 多亩，年产食用菌等农产品 100 余吨。"三爪仑"香菇等产品畅销北京、上海、广州、香港、澳门等国内大城市、地区和东南亚国家，成功进入世界 500 强沃尔玛连锁超市、大润发超市等大型超市，与上海的乐购、麦德龙等超市或卖场签订了意向进场合同。公司产品销售形式多样化，既有网上销售、又有实体店销售，既有大型卖场、又有特产专营店，承诺所有产品均实行"食无忧"政策，即顾客购买 7d 内可无理由退换货。2019 年 3 月，在农业农村部组织参加日本千叶国际食品展的展会上，"三爪仑"香菇等有机食用菌受到外国客商青睐和一致好评，并签约 2 千万元人民币的合作订单。

公司成立运营十多年来，坚持持续进行有机食品认证（江西省同行业有机食品认证持续时间最长）。公司获得了消费者信得过单位称号、中国质量万里行诚信信得过单位称号、江西省重合同守信用单位、江西省商贸流通服务业诚信示范企业、2011年江西省著名商标、2017年江西老字号、第一届中华老字号国际投资博览会最具品牌影响奖、2019年中华老字号博览会最受欢迎奖、2016年和2018年江西省宜春市优秀农业产业化龙头企业、靖安县四星级信用企业、2次中国农产品加工业投资贸易洽谈会优质产品奖、10余次中国国际有机食品博览会金奖和中国绿色食品博览会金奖等荣誉或称号。

第六节　厚植土壤生态，推进有机农业产业发展

铜川市土壤生态技术创研中心以农业有机废弃物整体解决方案为核心，采用生态产业化路径，把有机废物转化为生物质系列——富活素产品，用于地力提升、土壤修复，进行黄土高原耕地质量快速提升服务的探索，以土为本、水土共治、化肥减量、源头减排，既解决了规模聚集下的有机废物污染治理难题，又为耕地质量快速提升、农业面源污染治理探索了一条可持续的发展模式，真正打造"绿水青山就是金山银山"。

一、中低产田提质增效

以生物质营养应用为依据对秸秆和畜禽粪便进行资源化利用等措施，依靠本地土著微生物群落，可显著改变土壤微生物群落结构。通过施后100d和200d的观察检测，土壤微生物群落的多样性、均一度、丰富度朝有益方向呈规律性发展，为构建良好的土壤生态提供了物质基础。以生物质营养肥料等高效有机肥代替化肥，改良土壤结构，提高土壤肥力，确保在不施用化肥的情况下农作物能够增产，防止农用化学物质对环境造成污染，实现土

壤有机质含量提高、农用化肥用量减少。

可优化原有耕地的土壤结构,增加土壤有机质含量。以苹果绿色示范基地为例,施用生物质营养液肥后土壤有机质含量达到15.67~18.00g/kg,较施用前的14.28~16.40g/kg,增加了1.39~1.60g/kg,增加幅度为9.7%。

二、盐碱地、沙化地改良治理

盐碱地中过多的钙、镁、钠离子造成盐效应(反渗透),使微生物难以生存、植物根系不能正常吸收营养和水分,生物质治理方案是一种盐碱地治理措施,利用有机活性物的配位作用使无机离子形成配合物而"钝化",同时为微生物繁殖提供了碳源,土壤肥力系统快速恢复,植物生长成为可能。该技术在试验成功的基础上,已开始在内蒙古、陕西等地开展示范。生物质治理方案是一种沙土治理措施,使沙土具有土壤一样的稳定性、保水性、透气性和存储养分的功能,也就是使沙土"土壤化",从根本上解决沙土容易移动、难以保水蓄水和存储养分的难题,使其更适宜植物成长,进而从根本上改善沙土的形态而进行沙土化治理。可低成本快速改良盐碱地、沙化地,恢复其耕地功能。以巴彦淖尔市盐碱地改良为例,在41家参与中度试验的、15家参与重度试验的科研院所及企业中表现效果最佳。中度试验亩产葵花籽263.15kg,较对照区200.16kg增加31.47%;重度试验亩产葵花籽162.69kg,对照区(磷石膏+有机肥+明沙)几乎绝收。

三、草原的退化治理

利用"生物质营养应用"为核心技术提升地力、修复操场,以土为本,通过测土、配方、设计、研制,开发出专用生物质沙地改良剂、生物质水溶肥，可大幅提升沙质土壤有机质，增加沙质土壤团聚体，实现草原沙漠化治理，加速生态恢复，提高区域草场质量，在保护生态和保障作物生长的前提下，利用纯天然土壤改良剂对沙化土壤进行修复，达到无污染、低成本、高效率、无反复的草原沙漠化防治、恢复的目的。

四、土壤面源污染治理

天然有机物人工降解技术完全模拟微生物降解原理，采用物理化学方法使天然有机物快速降解。经过 5 年的反复实验，能使天然有机物 4h 内完全降解，速度是微生物的 180 倍，有机碳水溶性转化率 95%以上，有害微生物杀灭率 100%，抗生素和合成西药无害化率达 99%以上。

五、两提两减的农业大数据管理和推进

有机废弃物资源化利用的应用方面广泛，并且以有机基质为基础产品，应用于土壤改造、螯合态小分子定制肥料、设施农业等多个方面，通过测土配方施肥数据与解析可以形成以土壤监控为基础的农业大数据平台，延伸到生物碳源农业平台体系。以果园生产为例，可全面优化果树营养生长和果实生长的技术指标，达到提质增效。调查表明：苹果百叶重提高 50%~80%，叶片叶绿素含量增加 40%~46.5%，光合速率提高 45%；促进根系发育，苹果毛细根总量增加 100%以上；防除早期落叶，叶片功能期延长 30d 以上，苹果腐烂病减轻 40%~85%。果树没有大小年现象，在减少化肥用量 50%后，商品果仍保持在 90%以上，产量较常规施肥果园亩增产 500kg 左右。就果实可溶性固形物（糖度）含量指标而言，印台区津樱果业大樱桃平均为 16.87%，较

对照区的 14.52%高 2.35 个绝对值；耀州区石柱演池村苹果平均值为 14.9%，较对照果园 12.7%高出 2.2 个绝对值，苹果口感明显好于对照果园。

以黄芩为例，可增加中药材有效成分，其药用成分黄芩苷的含量从 14%增长到 16.4%，且检测无农药、无重金属残留，达到了出口日本的要求。

六、可提高作物抗逆性

以苹果为例，在同样条件下，苹果树发病很轻，特别在 2016 年 4 月初严重霜冻及 60 多年来最严重的连续高温、高光照、干旱极端天气条件下，抗性显著，其他果园的苹果树叶片变形、失色、甚至枝条顶端焦枯，示范果园的苹果树损伤较小，只是叶面积和百叶重比正常年份略低。

通过以上 6 个方面的工作，以生物质营养技术推动黄土高原区域农业绿色自然的生产方式，改善生态环境。通过建立覆盖黄土高原区域的碳源农业循环示范区，进行示范引导，改善土壤生态环境，提高农产品品质，实现黄土高原生态环境综合治理。

参 考 文 献

北京市科学技术协会, 2006. 有机农业种植技术 [M]. 北京：中国农业出版社.

曹志平, 2012. 有机农业 [M]. 北京：化学工业出版社.

陈声明, 2006. 有机农业与食品安全 [M]. 北京：化学工业出版社.

高振宇, 赵克强, 2009. 有机农业与有机食品 [M]. 北京：中国环境科学出版社.

郭春敏, 李显军, 2010. 有机食品知识问答 [M]. 北京：中国标准出版社.

席运官, 2012. 有机农业技术与食品质量 [M]. 北京：化学工业出版社.

张放, 2006. 有机食品生产技术概论 [M]. 北京：化学工业出版社.

张志恒, 2013. 有机食品标准法规与生产技术 [M]. 北京：化学工业出版社.